北京
常见野鸟
图鉴

高武 顾问

李兆楠 王瑞卿 李强 编著

机械工业出版社
CHINA MACHINE PRESS

本书是基于北京地区鸟类并侧重其野外识别的工具书，收录了北京分布的20目71科416种鸟类。本书对每种鸟从形态结构和生态信息两方面进行精简的描述，包括北京地区涉及的亚种、色型等。照片的选取均为北京本地拍摄的鸟类生态照，包含雌雄、成幼、亚种、不同季节的羽色甚至多角度的照片，一定程度上反映出其在北京的生境。为突出北京的地域特色，本书以图示的方式呈现出每种鸟在北京的常见程度、居留时间、出现地点和生境，以及体型大小与本书的参照对比，方便读者对各种鸟的体型大小有更直观的感受。此外还选取了100多种常见或辨识度较高的鸟类鸣声，读者可以扫描二维码听取。

　　本书是野外观鸟的实用性"口袋书"，可供北京及邻近地区开展科学研究、本底调查、环境保护、自然教育、公园保护区的科研监测与管理，以及野生动物保护工作者，农业、林业、生物科学专业的学生，中小学学校师生、自然博物爱好者和广大观鸟爱好者阅读使用。

图书在版编目（CIP）数据

北京常见野鸟图鉴/李兆楠，王瑞卿，李强编著.—北京：机械工业出版社，2024.2
ISBN 978-7-111-74941-7

Ⅰ.①北… Ⅱ.①李…②王…③李… Ⅲ.①野生动物-鸟类-北京-图集 Ⅳ.①Q959.7-64

中国国家版本馆CIP数据核字（2024）第037361号

机械工业出版社（北京市百万庄大街22号　邮政编码100037）
策划编辑：赵　荣　　　　　责任编辑：赵　荣　张大勇
责任校对：梁　园　牟丽英　封面设计：鞠　杨
责任印制：张　博
北京利丰雅高长城印刷有限公司印刷
2024年6月第1版第1次印刷
119mm×180mm·15印张·1插页·333千字
标准书号：ISBN 978-7-111-74941-7
定价：139.00元

电话服务　　　　　　　　　　网络服务
客服电话：010-88361266　　　机　工　官　网：www.cmpbook.com
　　　　　010-88379833　　　机　工　官　博：weibo.com/cmp1952
　　　　　010-68326294　　　金　书　网：www.golden-book.com
封底无防伪标均为盗版　　　　机工教育服务网：www.cmpedu.com

谨以此书，献给每一位观鸟爱好者
献给160多年来
对北京地区鸟类研究做出贡献的中外学者、观鸟者们：
斯文侯（R. Swinhoe）、谭卫道（Armand David）……
寿振黄先生、蔡其侃先生、郑光美先生……

此图出自寿振黄先生《河北鸟类志》（1936）

序一

2023年12月4日晚上，我收到了来自北京市东城区青少年科技馆李兆楠老师的信息，请我为即将出版的《北京常见野鸟图鉴》写序。李兆楠是我的弟子，也是一个勤奋好学、积极上进的青年教师，对他的请求我自然会慨然应允。

北京是中国的首都，也是鸟类资源非常丰富的一个地区，迄今已记录鸟类515种，鸟类多样性在世界各大都市之中名列前茅。北京是中国大陆最早开展民间观鸟活动的地区之一。自20世纪90年代中期开始，在高武、赵欣如等老师的积极倡导下，北京地区的民间观鸟活动逐步发展了起来，不仅参加野外观鸟的人数不断增多，而且还成立了自然之友野鸟会、"中国观鸟会"（原名北京观鸟会）等民间观鸟组织。与此同时，《北京野鸟图鉴》《常见野鸟图鉴 北京地区》等著作应运而生，成为北京鸟类爱好者野外观鸟必备的工具书。

近十年来，不仅国内外鸟类分类系统发生了很多改变，而且北京鸟类的分布和数量也有很大变化。因此，采用最新的鸟类分类系统，结合北京鸟类分布的最新数据资料，编写一本数据精确、便携式的北京观鸟图鉴是十分必要的。在这样的背景下，由李兆楠、王瑞卿、李强编写完成了第三代"绿宝书"——《北京常见野鸟图鉴》。该书采用郑光美院士主编的《中国鸟类分类与分布名录（第四版）》的分类体系，以图文并茂的形式介绍了北京地区常见鸟类20目71科416种。

在此我表心祝贺《北京常见野鸟图鉴》的出版！我相信，该书一定能进一步推动北京地区民间观鸟活动的普及和广大市民自然保护意识的提高，对实现北京市人民政府提出的建设"生物多样性之都"的宏伟目标也将做出积极贡献。

中国动物学会鸟类学分会主任委员
2023年12月18日 于北京师范大学

序二

　　北京是我国的首都,是全国政治中心、文化中心、国际交往中心、科技创新中心,是容纳 2000 多万常住人口的超大型城市,但北京记录了 500 多种鸟类,在世界各大都市中位居前列。北京市市域面积仅占全国陆域国土面积的 0.17%,鸟类种数却占全国鸟种数的 35%,既反映出北京鸟类物种多样性的丰富程度,也是首都生物多样性的重要组成部分。北京地区有山林、湿地、丘陵、草地、平原农田、城市公园、绿地等丰富多样的鸟类栖息环境。从海拔 2303 米的东灵山到海拔几十米的平原,地形、地势、植被类型多种多样,北京处于东亚 - 澳大利西亚候鸟迁飞路线上,所以北京有丰富的鸟类资源。

　　北京地区的鸟类调查研究,在中华人民共和国成立之前只有少数外国人和寿振黄先生等发表过少量报道,而且都是在东北地区、河北地区的调查研究中涉及北京地区。新中国成立后百业待兴,北京地区的鸟类调查研究也逐渐发展。20 世纪 50 年代开始,北京师范大学郑光美先生曾对北京地区的鸟类生态分布进行了深入的调查研究,发表了多篇论文;北京自然博物馆蔡其侃先生从 20 世纪 50 年代开始从事北京地区鸟类学研究,采集和收藏了 34000 多号标本,经整理撰写成《北京鸟类志》,于 1988 年 1 月出版,系统整理了北京地区分布的 344 种鸟类;首都师范大学高武等多年野外调查研究和教学实习积累了大量资料,经整理分析于 1994 年 7 月出版了《北京脊椎动物检索表》,记录了北京地区分布的 375 种鸟类;北京师范大学赵欣如先生 2014 年出版的《北京鸟类图鉴(第 2 版)》,记录了北京地区分布的 448 种鸟类;赵欣如先生等 2021 年 11 月出版的《北京鸟类图谱》记录了北京地区分布的 503 种鸟类;北京市园林绿化局 2023 年 4 月 15 日发布的《北京市陆生野生动物名录(2023)》,其中收录鸟类 515 种。随着北京地区对鸟类研究的不断深入和群众性观鸟活动的发展,还会不断有新的鸟种被发现和记录。

　　《北京常见野鸟图鉴》是一本全彩色"口袋书",便于随身携带,是野外辨识鸟的工具书。为了能让读者快速准确地识别鸟种,作者做了许多与其他图鉴不同的编辑:①用某类群独特剪影进行形态快速检索和用页眉颜色区分目、科的分类快速检索;②用突出、明显的体形、体色等鉴别性特征介绍,便于野外辨识鸟类,一些难以准确辨识的猛禽、莺、鸥等，除了有对特征精准的描述外，还特别附上特征突出的照片，有飞姿，有站姿，甚至有不同性别、年龄、色型、亚种及不同季节羽色差异的照片，重要特征还用箭头标识；③用图表示鸟种地理和时间分布，使读者一目了然，把每种鸟曾记录的地点在北京地图上标记出来，本书未明确注出留居型，而是用颜色表示某种鸟一年中在北京出现的时间段，而且用绿色、蓝色及颜色深浅反映鸟种属于常见种、易见种、偶见种还是罕见种；④每种鸟都用图表示出所栖息的生态环境和所属的生态类群；⑤每种鸟都有鸟的体型与本书尺寸的对比图，并用 L 表示体长、WS 表示翼展长，一眼就明确了鸟类体型的大小；⑥用英文缩写、罗马数字和汉字表示鸟种的生物学特征、受危程度和保护级别；⑦扫描本书中的二维码可以读取 100 多种常见或鸣声辨识度较高的鸟类鸣声；⑧归纳了鸟类分类最新进展，体现最新的调研成果，有利于读者及时掌握鸟类学的前沿新知。如果熟悉了这些实用方法，用本书在野外可以快速识别鸟种并了解其生物学知识。

《北京常见野鸟图鉴》的三位作者是资深的鸟类观察、研究的专家。李兆楠作为北京动物学会理事、自然之友野鸟会顾问，常年专注于调研北京本土物种的分类与分布；王瑞卿具有扎实、丰富的鸟类学科学基础，具有 20 年的观鸟和研究资历，是《中国鸟类观察》的编辑；李强曾任自然之友野鸟会会长十余年，推动公众观鸟活动，有 20 多年的观鸟经验，国内已观察记录到千余种野生鸟类，并长期从事鸟类调查研究、鸟类保护和科学普及等工作，具有非常丰富的野外观鸟及科学普及经验。并且本书的三位作者都曾作为主编、副主编、编委参与编写过多部鸟类图鉴和相关书籍。

《北京常见野鸟图鉴》是环境保护、野生动物管理、自然保护区的工作者、科学研究人员、农学与林学专业院校师生及中小学师生和广大鸟类爱好者的实用工具书。

高武
2023 年 12 月 10 日于首都师范大学

前言

  1996年10月5日，由自然之友组织策划、首都师范大学高武先生带队指导，在北京西郊鹫峰开展了中国大陆第一次群众性观鸟活动，标志着中国大陆第一家观鸟组织——自然之友野鸟会（原观鸟组）的诞生。1996年也被公认为中国大陆的观鸟元年。

  2001年由高武先生主编的《北京野鸟图鉴》正式出版，收录了北京常见的276种鸟类。2014年由自然之友野鸟会组织编写，高武先生担任主编的《常见野鸟图鉴 北京地区》出版，收录鸟种315种。并延续了《北京野鸟图鉴》的绿色封面，以其优良的内容、排版，并兼顾野外方便携带的"口袋书"开本大小，使之成为一本颇受大家喜爱的观鸟工具书、人们口中的"绿宝书""小绿本"。

  时隔高武先生主编的《常见野鸟图鉴 北京地区》出版已有近十年的时间，而这十年也是北京地区乃至全国观鸟活动井喷式发展的十年，越来越多的观鸟者以肉眼可见的速度出现在公园、旷野，正是他们补充了很多区域性鸟类分布新记录，为鸟类的研究和保护提供了基础数据。在此期间很多鸟类的分类地位、居留时间等已发生较大变化，图鉴中的文字表述和照片亟待补充修改。由此，第三代"绿宝书"也随之应运而出，并更名为《北京常见野鸟图鉴》，而高武先生在本书中则以顾问的身份对本书的编写工作给予了重要指导。

  本书较上一代图鉴新增鸟种101种，收录鸟种达到416种，分属20目71科。本书所展示的生态照片完全基于每种鸟类在北京地区的情况，并侧重野外识别部分。本书对每种鸟从形态结构和生态信息两方面进行精简的描述，且介绍其基于北京地区的情况，包括北京地区涉及的亚种、色型等。照片的使用尽可能选取北京本地拍摄的鸟类生态照，一定程度上反映出其在北京的生境，包含雌雄、成幼、亚种、不同季节的羽色等。为突出北京的鸟类分布情况，本书以图示呈现出每种鸟在北京的常见程度、居留时间、出现地点和生境，以及体型大小与本书的参照对比图，方便读者对体型大小有更直观的感受。此外本书还选取了100多种常见或鸣声辨识度较高的鸟类鸣声，读者可以扫描二维码获取。

  本书的鸟类分类系统以及中文名、学名主要依据《中国鸟类分类与分布名录（第四版）》（郑光美，2023 年）。在此基础上，本书参考了世界鸟类学家联合会（IOU）出版的世界鸟类名录（IOC World Bird List）13.2 版本，对个别鸟种的英文名进行了调整，体现了当今鸟类系统分类学研究的最新进展，并将大家耳熟能详、使用较多的中文名标注在括号中，例如：环颈雉（雉鸡）、斑头秋沙鸭（白秋沙鸭）、红角鸮（东方角鸮）等。此外，本书还添加了重新整理、考证的北京地区民间对该鸟的俗名、别名，便于科研人员走访调查使用，也增加了读者阅读的趣味性。在鸟类保护级别方面，本书依据北京市园林绿化局和北京市农业农村局 2022 年 12 月联合发布的《北京市重点保护野生动物名录》；国家林业和草原局、农业农村部公告（2021 年第 3 号）《国家重点保护野生动物名录》；国家林业和草原局公告（2023 年第 17 号）《有重要生态、科学、社会价值的陆生野生动物名录》；世界自然保护联盟（IUCN）红色名录（截至 2023 年 12 月）的保护等级进行标注。

  本书是用于野外观鸟的实用性口袋书，适合北京及华北地区开展科学研究、本底调查、环境保护、自然教育、公园保护区的科研监测与管理，以及野生动物从业人员，农、林、生科、师范院校师生，中小学校师生，自然博物爱好者和广大观鸟爱好者使用。

李兆楠

2023 年 11 月 24 日于北京

目录

序一

序二

前言

12 使用说明

16 形态快速检索

18 分类快速检索

20 鸡形目

26 雁形目

64 䴙䴘目

69 鸽形目

74 沙鸡目

75 夜鹰目

80 鹃形目

88 鸨形目

89 鹤形目

102 鸻形目

171 鹲形目

173 鲣鸟目

175 鹈形目

191 鹰形目

223 鸮形目

231 犀鸟目

232 佛法僧目

237 啄木鸟目

244 隼形目

251 雀形目（黄鹂科 - 鸦科）

278 雀形目（山雀科 - 燕科）

309 雀形目（鹎科 - 鸦雀科）

337 雀形目（绣眼鸟科 - 鸫科）

368 雀形目（鹟科 - 雀科）

408 雀形目（鹡鸰科 - 鹀科）

459 北京鸟类研究简史

463 中文名索引

466 英文名索引

470 学名索引

474 参考文献

476 后记

使用说明

保护级别：

Ⅰ 国家一级重点保护动物

Ⅱ 国家二级重点保护动物

CR 极危（IUCN（世界自然保护联盟）评估，下同）

EN 濒危

VU 易危

NT 近危

三 "三有"保护动物[①]

京 北京市重点保护野生动物

[①] "三有"保护动物是有重要生态、科学、社会价值的陆生野生动物。"三有"保护动物名录由国家林业和草原局制定并公布。

生态类群：

 游禽　 涉禽　 猛禽

 陆禽　 攀禽　 鸣禽

生境：

 湿地　　　　平原林地

 山地　　　 灌丛、荒地

城市公园、绿地

英文缩写及符号含义：

M. / ♂	雄性	ec.	蚀羽	win.	冬羽
F. / ♀	雌性	1st win.	第一年冬羽	sum.	夏羽
ad.	成鸟	brown morph	棕色型	L	体长
imm.	未成年鸟	white morph	白色型	WS	翼展
juv.	幼鸟	pale morph	浅色型		
br.	繁殖期	dark morph	深色型		
non-br.	非繁殖期				

常见程度

（仅指在适宜生境的常见程度）：　常见　易见　偶见　罕见

使用说明

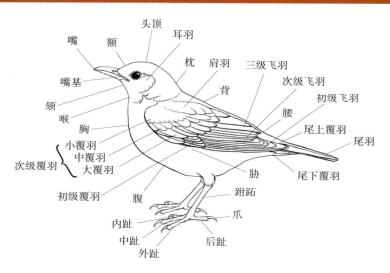

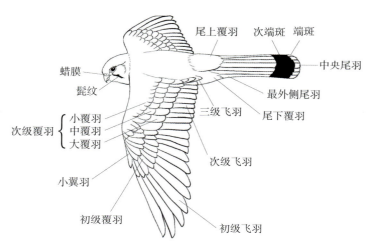

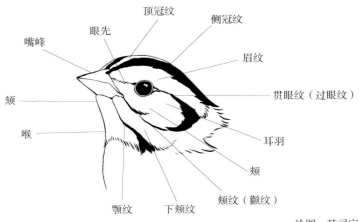

绘图：韩司宇

鸟名生僻字读音

鹏鹈 pìtī
鸨 bǎo
䴉 huán
鹆 yù
鸻 héng
䴖 chéng
鹣 yán/jiān
鹈鹕 tíhú
鹗 è
鵟 kuáng
鸱鸮 chīxiāo

隼 sǔn
鸶 liè
䴗 jú
鸤 shī
鹪鹩 jiāoliáo
鸲 qú
鹡 jí
鹡鸰 jílíng
鹨 liù
鹀 wú/wū

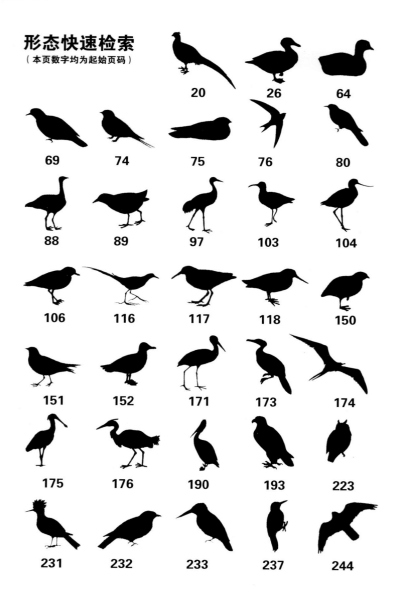

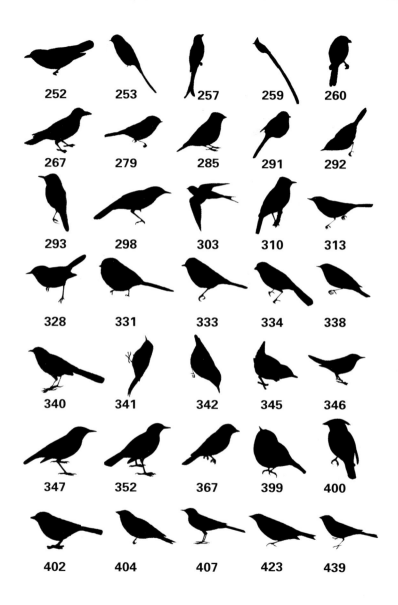

分类快速检索

鸡形目 雁形目

䴙䴘目 鸽形目 沙鸡目 夜鹰目

鹃形目 鸨形目 鹤形目

鸻形目

鹳形目 鲣鸟目 鹈形目

鹰形目

鸮形目 犀鸟目 佛法僧目 啄木鸟目 隼形目

雀形目（黄鹂科 – 鸦科）黄鹂 鹃䴗 山椒鸟 卷尾 寿带 伯劳 鸦 鹊

雀形目（山雀科 – 燕科）山雀 攀雀 百灵 文须雀 扇尾莺 苇莺 蝗莺 燕

雀形目（鹎科 – 鸦雀科）鹎 柳莺 鹟莺 树莺 长尾山雀 林莺 鸦雀 山鹛

雀形目（绣眼鸟科 – 鸫科）绣眼鸟 噪鹛 旋木雀 鸭 旋壁雀 鹩鹛 河乌 椋鸟 鸫

雀形目（鹟科 – 雀科）歌鸲 林鸲 红尾鸲 水鸲 溪鸲 啸鸫 鹟 矶鸫 鸲 戴菊 太平鸟 岩鹨 雀

雀形目（鹡鸰科 – 鸦科）鹡鸰 鹨 燕雀 铁爪鹀 鹀

鸡形目 GALLIFORMES

鹑与雉
身材圆胖，嘴短粗有力，善于行走，不善飞。

雁形目 ANSERIFORMES

雁
大到中型鸭科水鸟。颈较天鹅短。

天鹅
大型鸭科水鸟。北半球各种天鹅均全身洁白，雌雄同色。颈至少与身体等长。幼鸟绒灰或污白色。取食时将头伸入水下，头、颈部因部此常沾染呈黄色。

麻鸭
体型介于雁与河鸭之间，嘴端略上翘。

浮水鸭（河鸭）
中等至小型鸭科鸟类，嘴扁平，觅食时头部深入水下，臀部翘出水面，绝少潜水。

潜水鸭
与河鸭相比腿更靠近臀部，游泳时吃水更深，尾部更贴近水面。栖息于大面积开阔水域，常潜入水中觅食。

秋沙鸭
嘴尖、细长，先端有钩，边缘有锯齿状凸起，善潜水，与其他鸭类相比更常见于山间溪谷中。

石鸡 *Alectoris chukar* Chukar Partridge
鸡形目 雉科　嘎嘎鸡 红腿鸡　　　　　三京

宋晔 摄

体型中等的灰褐色雉类。嘴、眼周和脚红色，头顶灰褐色，黑色过眼纹延长至颈侧及胸部闭合成领环，喉部近白色或皮黄色，上体灰褐色，浅色胁部明显均匀分布着数条黑色、栗色、白色并列的条纹，胸部灰色，腹部和尾下覆羽黄褐色，腰、尾上覆羽及尾羽灰色，尾较短。

栖息于山区多岩石处或低山丘陵地带的岩石坡或沙石坡上。常白天集群地面活动，不善飞行。遇到情况有时发出单调响亮而连续的"ga ga ga"声。

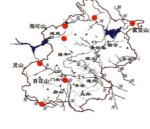

| 1 | 2 | 3 | 4 | 5 | 6 | 7 | 8 | 9 | 10 | 11 | 12 |

L35cm

斑翅山鹑 *Perdix dauurica* Daurian Partridge

鸡形目 雉科　　斑翅 沙拌鸡儿 须山鹑　　　　　三京

体型中等的棕褐色鹑类。雄鸟嘴铅色，头顶褐色，额、眉纹及颊部呈肉桂黄色，喉侧羽淡黄色，呈须状（有时不明显），颈部灰色，上体灰褐色具褐色横纹，翼上白色羽轴明显；胁部淡褐色，具明显的栗色纵纹，胸赤褐色，下胸及腹部具一黑色马蹄状大块斑，中央尾羽淡棕色且满布深色细纹，两侧尾羽深栗色，脚暗棕色。雌鸟胸灰色，下胸无马蹄形块斑。

多栖息于山地，冬季迁至平原。结群地面觅食，以植物种子、嫩芽为食，兼吃昆虫。

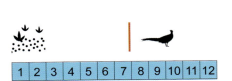

L30cm

鹌鹑（日本鹌鹑） *Coturnix japonica* Japanese Quail

鸡形目 雉科　　赤喉鹑 红面鹌鹑　　　　　　　　　　　　　　NT 三

br.M. 赵和平 摄

non-br. 万绍平 摄

体小似雏鸡而浑圆的鹑类。嘴灰色，白色长眉纹显著，繁殖期雄鸟脸、喉及上胸栗色，上体具褐色与黑色横纹及浅黄色矛状条纹，下体皮黄色，胸及两胁具黑白色条纹，腹部灰白，尾短，脚肉黄色。非繁殖羽雄鸟同雌鸟，脸颊及喉部色浅。

此等大小、体型在华北地区只与黄脚三趾鹑类似，但飞行时鹌鹑背部均为棕褐色。而黄脚三趾鹑背部、翼上覆羽及飞羽颜色均不相同，停歇时可见鹌鹑体型略大，脚、喙、虹膜等处颜色均与黄脚三趾鹑不同。

栖息于低山、疏林、农田、草地及近水的草丛。性胆怯，有时人走近才仓促疾飞而走，飞行一段距离后即落入草中。

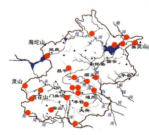

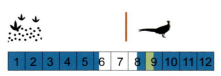

L18cm

勺鸡 *Pucrasia macrolopha* Koklass Pheasant

鸡形目 雉科　　角鸡 柳叶鸡　　　　　　　　　　　Ⅱ

M. 宋旭 摄

体型中等似家鸡的雉类，嘴黑腿灰，北京地区为 *P. m.xanthospila* 亚种。雄鸟头部呈金属暗绿色，并带棕、黑色长冠羽，颈部两侧各有一白色块斑，颈下羽毛皮黄色，胸部中央至下腹深栗色，上体羽片呈柳叶状，并具"V"形黑纹，纹间有白色羽轴纹，尾下覆羽黑色具白色斑。雌鸟棕褐色，体型相对较小，下体黄褐色。

栖息于山地海拔 1000m 以上的针阔混交林的岩坡灌丛中。多于晨昏觅食，以榆、桦等树的树叶、茎、果、种子为食，亦食昆虫。雌雄成对生活，夜宿于树上。

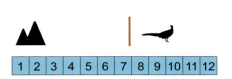

L58cm

褐马鸡 *Crossoptilon mantchuricum* Brown Eared Pheasant

鸡形目 雉科　角鸡 耳鸡

VU I

体型硕大而壮实的雉类。全身呈浓褐色，嘴肉粉色，头和颈为灰黑色，眼睛周围裸皮赤红色。头侧裸皮下方有一对白色的角状羽簇，伸出头后似白色犄角，喉白，腰及尾羽中、基部为白色，尾羽外缘蓝黑色且具金属光泽，两对中央尾羽高翘，其他羽枝披散下垂，状如马尾。雄鸡有距，脚红色。

中国特有种。多栖息于海拔1000m以上针阔混交林。白天在山坡觅食植物根、茎、种子和昆虫，夜宿树上。

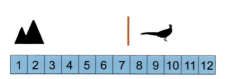

L100cm

环颈雉（雉鸡） *Phasianus colchicus* Common Pheasant

鸡形目 雉科　野鸡 山鸡

F. 雨后青山 摄

M. 赵云天 摄

雄鸟羽色艳丽，嘴角质色，头黑，眉纹白，枕部皮黄，眼周裸皮鲜红色，有明显的耳羽簇，颈部呈金属蓝绿色光泽，具宽阔白环（内蒙亚种颈环较窄）；胸紫褐色，腹部深棕色，两胁皮黄具黑色圆斑，尾羽甚长，均匀分布有深色横斑。雌鸟相对体小，周身密布浅褐色斑纹。

广泛栖息于山地疏林、灌丛中，不善飞而善走，冬迁至山脚草地、农田。以杂草、种子、浆果、谷物和昆虫等为食。

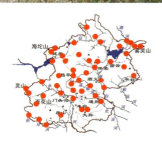

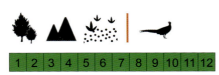

L82cm

鸿雁 *Anser cygnoides* Swan Goose
雁形目 鸭科 原鹅 大雁

EN Ⅱ

体大、颈长的灰褐色雁。嘴黑色，较长，嘴基与前额相交处有较明显的狭窄白线，头侧皮黄，头顶到后颈深褐色，前颈近白色，形成一道明显界限，前颈下部和胸褐色，上体羽暗灰褐色具浅色羽缘，胁部具深色条纹，下腹部、尾上下覆羽、尾羽羽缘白色，尾近黑，脚橙红色。
栖息于平原、草地、农田和湿地，成群活动。主要食植物的叶、芽和藻类等，亦食少量甲壳类和软体动物。一般迁徙过境时排成"一"字或"人"字形，是中国家鹅的祖先。

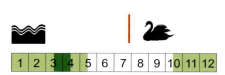

L90cm

灰雁 *Anser anser* Greylag Goose

雁形目 鸭科　大雁 红嘴雁 沙雁 灰腰雁　　　　　三京

李兆楠 摄

焦庆利 摄

体大的灰褐色雁。嘴粉红或橘黄色，头、颈部灰褐色，颈部具明显的条状羽，上体羽暗灰褐色而羽缘白色，胁部条状纹由灰色逐渐变为黑褐色并具浅色羽缘，胸、上腹污白色，杂有或多或少的黑色小块斑，下腹、尾上下覆羽白色，尾羽灰色而羽缘白色，脚粉红色。

成群栖息于开阔原野、水库和湖附近，以水生植物嫩茎、小鱼、小虾、昆虫等为食。迁飞时经常排成"一"字或"人"字形。

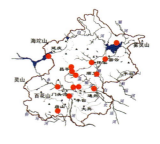

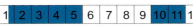

L82cm

短嘴豆雁 *Anser serrirostris* Tundra Bean Goose

雁形目 鸭科　大雁 鸿

三

娄方舟 摄

娄方舟 摄

原为豆雁普通亚种 *A.f.serrirostris*，现已独立为种。嘴较豆雁短厚，下嘴较厚，向外弯曲，头部更显圆润，颈部较短，胸部颜色较浅。

在华北地区较豆雁更为常见，常集成百甚至上千只的大群，在觅食地选择上比豆雁更偏好农田和草地，捡拾散落的种子等为食。短嘴豆雁曾与豆雁为同一物种下不同亚种，后被分立为两个物种，但近年有研究者认为它们仍应为同一物种。

L80cm

豆雁 *Anser fabalis* Bean Goose

雁形目 鸭科　　大雁 鸿　　　　　　　　　　　　三京

体型较大的灰褐色雁，原为豆雁东北亚种 *A.f.middendorffii*，现已独立为种。嘴黑色，较长似鸿雁，具橘黄色次端块斑，头、颈棕褐色，上体羽暗灰褐色具浅色或白色羽缘，胁部条状纹灰褐色加深为黑褐色，具浅色羽缘，腹部以下白色，尾上下覆羽白色，尾羽近黑而羽缘白色，脚橘黄色。
迁徙越冬时栖息于平原、草地、水库、沼泽和农田等地区，喜群居。吃植物性食物和少量动物性食物，迁飞时经常排成"一"字或"人"字形。

| 1 | 2 | 3 | 4 | 5 | 6 | 7 | 8 | 9 | 10 | 11 | 12 |

L86cm

白额雁 *Anser albifrons* White-fronted Goose
雁形目 鸭科　大雁　　　　　　　　　　　　　Ⅱ

沈越 摄

中等体型的灰褐色雁。嘴肉色或粉红色，上嘴基部至额头白色，头、颈部灰褐色，具条状羽，胸色淡，上体羽暗灰褐色具浅色羽缘，胁部灰褐色具条状纹，腹部灰白，具长短不一的黑色横斑，下腹、尾上下覆羽均白色，尾短，黑褐色，脚橘黄色。常成群栖息于沼泽、湖泊，以植物的种子、叶、芽、根和茎为食，集群迁徙多在夜间，白天休息和觅食。

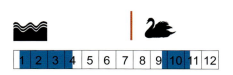

L70cm

小白额雁 *Anser erythropus* Lesser White-fronted Goose
雁形目 鸭科

VU Ⅱ

体型小而敦实的灰褐色雁。嘴短呈粉红色，眼圈为黄色，有别于白额雁，上嘴基部至额白色，并延伸至顶部，甚为显眼，颈部具条状羽，上体羽暗灰褐色，具浅色羽缘，飞行时两翼显长，且振翅较快，胸部褐色，下体灰褐色，胁部具深色条状纹由及浅色羽缘，腹部具大小不一的黑色横斑，下腹、尾上、下覆羽白色，尾短，灰色，脚橘黄色。越冬于大河及湖泊边，取食于农田及苇茬地。极似白额雁，冬季常与其混群。

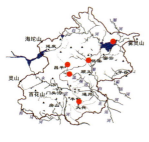

| 1 | 2 | 3 | 4 | 5 | 6 | 7 | 8 | 9 | 10 | 11 | 12 |

L62cm

斑头雁 *Anser indicus* Bar-headed Goose
雁形目 鸭科

陈景云 摄

中等体型的灰白色雁。嘴黄，嘴甲黑色，头部白色，繁殖期沾黄褐色，头枕部具两道黑色横条纹，颈部黑褐色，颈侧白色。上、下体体羽淡灰褐色而羽缘灰白色，下胁部黑褐色，腹白，尾上、下覆羽白色，尾短，灰色，脚橘红色。

栖息于开阔的沼泽地带，在华北地区常混迹于其他雁群中，城区公园内多为饲养个体。

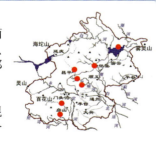

1	2	3	4	5	6	7	8	9	10	11	12

L70cm

疣鼻天鹅 *Cygnus olor* Mute Swan
雁形目 鸭科 赤嘴天鹅 瘤鹄 哑声天鹅 II

juv. 任立鹏 摄

ad. 任立鹏 摄

体大而优雅的白色天鹅。全身羽毛洁白，仅头、颈部略沾淡棕黄色，嘴橘红色，嘴甲、嘴缘、嘴基和眼先黑色，前额有黑色疣状凸起，雄鸟疣状凸起更大。颈细长，脚短，黑色。幼鸟灰色或污白色，嘴暗粉色或近灰色，无疣状凸起。

栖息于水草丰盛的开阔湖、河湾、水库和沼泽地。游泳时常常隆起双翼，颈向后曲，头向前低垂，姿态极为优雅。常成对或家族式活动。主要以水生植物为食，亦食水藻和小型水生动物。

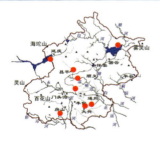

| 1 | 2 | 3 | 4 | 5 | 6 | 7 | 8 | 9 | 10 | 11 | 12 |

L143cm

大天鹅 *Cygnus cygnus* Whooper Swan
雁形目 鸭科　　鹄 黄嘴天鹅　　　　　　　　　　　　Ⅱ

ad.（左一）juv.（右）　宋晔 摄

体大的天鹅。全身羽毛洁白，只有头部略沾棕黄色，嘴黑色，上嘴基部黄色，此黄色斑沿两侧向前延伸至鼻孔下前端成尖状，颈脖细长，尾短尖，脚短，黑色。幼鸟全身灰褐色，嘴基粉红色。外形似小天鹅，但体型较大，嘴及颈部相对长些，嘴部黄色区域更大。
习性同小天鹅。

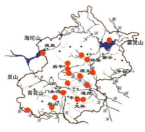

L135cm

34

小天鹅 *Cygnus columbianus* Tundra Swan

雁形目 鸭科　　啸声天鹅 短嘴天鹅　　　　　　　　　Ⅱ

ad.（左一）juv.（右）任立鹏 摄

体型稍小的天鹅。全身羽毛洁白，仅头顶至枕部常略沾棕黄色，嘴黑色，嘴基部两侧黄斑向前延伸，最多仅到鼻孔，颈脖细长，尾短尖，脚短、黑色。幼鸟全身灰褐色，随着年龄的增加逐渐变淡，直至变白。

栖息于开阔水域。成群生活，将头、颈深入水下捞取食物，以水生植物为食，亦食螺等软体动物。嘴的挖掘能力很强，可挖至泥下0.5m深处。身体笨重，起飞时需用力快速扇翅，且双脚在水面奔跑一段距离后才能起飞。

| 1 | 2 | 3 | 4 | 5 | 6 | 7 | 8 | 9 | 10 | 11 | 12 |

L113cm

翘鼻麻鸭 *Tadorna tadorna* Common Shelduck
雁形目 鸭科　冠鸭　　　　　　　　　三

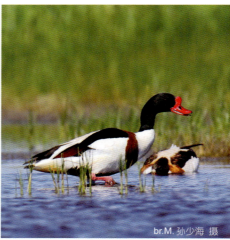
F.（上）M.（下）李毅 摄　　br.M. 孙少海 摄

体大而具色彩醒目的鸭。嘴赤红色并向上翘，雄鸟上嘴基部有一明显红色瘤状物，体羽大部分白色，头、颈部黑色，具绿色金属光泽，自上背至下胸部有一条宽的栗色环带，肩羽、尾羽末端黑色，腹部中央有一条较宽的黑色纵带；飞行时可见飞羽黑色，翼上具绿色翼镜和栗色块斑。
栖息于开阔平原、草地、河湖岸边及海岸滩涂。主要以昆虫、软体动物、环节动物、甲壳类、鱼类、爬行类等小型动物为食，亦食些植物的芽、叶和种子。

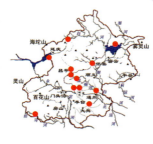

| 1 | 2 | 3 | 4 | 5 | 6 | 7 | 8 | 9 | 10 | 11 | 12 |

L60cm

赤麻鸭 *Tadorna ferruginea* Ruddy Shelduck

雁形目 鸭科　黄鸭 黄凫　　　　　　　　　　　三京

体型硕大而显眼，全身大部棕黄色，头部色淡或白色，嘴、尾和脚黑色，飞羽暗绿色并具金属光泽，雄鸟在繁殖季颈部具一窄的黑色环，飞行时白色的翼上、下覆羽和铜绿色翼镜明显可见。

栖息于河湖、水库附近，成小群生活。食物以植物的叶、芽、种子为主，亦食些昆虫及水生小型动物。

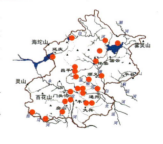

L64cm

鸳鸯 *Aix galericulata* Mandarin Duck
雁形目 鸭科　官鸭 匹鸟　　　　　　　　　　Ⅱ

ad.M. ec. 王瑞卿 摄

br.M. 尚亚军 摄

ad.F.(左) juv.(右) 尚亚军 摄

体型中等的鸭。雄鸟鲜艳，嘴粉红，前额暗绿，枕锈红色，白色眉纹长且宽，颈侧具矛形栗红色翎羽，具独特的橙黄色帆状饰羽，翼镜蓝紫色，下缘白。胸部暗紫色，两侧黑色，具两条白色斜带。雌鸟嘴灰黑色，头颈灰色，白色眼圈及眼后纹明显，上体深灰褐色。雄鸟蚀羽似雌鸟，但嘴暗红色。栖息于山间溪流、湖泊、水库及沼泽地，曾为北京冬候鸟、旅鸟。现几乎全年可见，城市公园中多为增殖放归的野化个体。

| 1 | 2 | 3 | 4 | 5 | 6 | 7 | 8 | 9 | 10 | 11 | 12 |

L46cm

棉凫 *Nettapus coromandelianus* Cotton Pygmy Goose
雁形目 鸭科 棉花小鸭 II

M. 李兆楠 摄

F. 任立鹏 摄

体型甚小而显白的鸭。雄鸟虹膜深红，嘴黑色。头、颈部白色，额及头顶深色，颈基部具一黑绿色颈环；背和两翼墨绿色，具金属光泽，飞羽白色并具黑色外缘；胁灰腹白，尾短显黑，脚亦黑色。雌鸟整体灰褐色少绿，虹膜棕色，具深色过眼纹，嘴黄色。

国内主要分布于南方，北京所见多单只或成对栖息于有挺水植物的静水湖泊。性胆怯，甚少上岸。

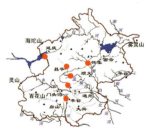

| 1 | 2 | 3 | 4 | 5 | 6 | 7 | 8 | 9 | 10 | 11 | 12 |

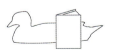

L35cm

赤膀鸭 *Mareca strepera* Gadwall
雁形目 鸭科　紫膀鸭　　　　　　　　　　　　　三京

ad. M. 李兆楠 摄

ad. F. 李兆楠 摄

ad.ec.M.（右）F.（左）张代富 摄

体型较大的棕褐色鸭。雄鸟嘴黑色，头、颈部灰褐色，脸颊和前颈色浅，胸及两侧和上体深灰色，具黑白鳞状纹。飞行时可见翼上覆羽具栗红色块斑和黑白两色翼镜。腰及尾上、下覆羽黑色。雌鸟嘴橙黄色，嘴峰灰黑色，具深色细过眼纹，上、下体羽黑褐色，具黄褐色羽缘。
栖息于开阔河、湖、池塘、沼泽等水域。秋冬季可见集成上百只大群。

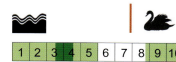

L55cm

罗纹鸭 *Mareca falcata* Falcated Teal
雁形目 鸭科 镰刀毛鸭 扁头鸭 葭凫   NT 三 京

体型中等的灰色鸭。嘴黑，雄鸟头部暗栗色，额基具一小白斑，自眼周往后直达枕后的长型冠羽墨绿色，具金属光泽，颏、喉、颈大部白色，中央具一深色颈环，胸部密布黑色鳞状纹，上体及两胁灰白色，亦密布波纹状细纹，肩羽近白色，三级飞羽长而下弯，羽缘色淡，飞行时可见翼镜绿色，前后缘白，尾上、下覆羽黑色，两侧各具一显眼的黄色三角形。雌鸟头、颈部灰褐色，上、下体体羽黑褐色具浅色羽缘。栖息于水域岸边，在浅水处或农田觅食，以水生植物和谷粒等为食。

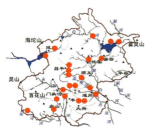

| 1 | 2 | 3 | 4 | 5 | 6 | 7 | 8 | 9 | 10 | 11 | 12 |

L50cm

赤颈鸭 *Mareca penelope* Eurasian Wigeon

雁形目 鸭科 鹅仔鸭 红鸭 赤颈凫

F. 王瑞卿 摄

M. 李兆楠 摄

中等体型的花色鸭。嘴蓝灰色，端部黑色，雄鸟繁殖羽头、颈棕红色，额至头顶乳黄色，胸淡红褐色，上体和两胁灰白色，满布黑色波纹状细纹，肩羽淡灰色，具黑色羽轴，较长的三级飞羽黑色，具白色羽缘，纯白的翼上覆羽在体侧形成显著的白色带斑，翼镜翠绿色，腹部及胁后部纯白色，尾上、下覆羽黑色。雌鸟全身暗褐色，两胁红褐色。栖息于河、湖、水库和沼泽等水域。以水生和陆生植物的茎、叶及种子为食，亦食些动物性食物。

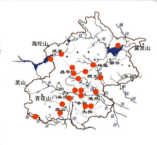

| 1 | 2 | 3 | 4 | 5 | 6 | 7 | 8 | 9 | 10 | 11 | 12 |

L47cm

绿头鸭 *Anas platyrhynchos* Mallard

雁形目 鸭科　官鸭 大红腿鸭 大麻鸭（♀）

李兆楠 摄

M.（右） F.（左）王瑞卿 摄

北京最常见的鸭。雄鸟嘴黄绿色，头、颈部黑绿色，闪金属光泽，颈部具一白环与栗色的胸部分隔开，上体灰色沾褐，下体灰色，飞行时可见翼镜蓝紫色，上下边缘黑白相间，中央两根尾羽黑色，向上卷曲呈钩状，脚橘红色。雌鸟嘴橘黄色具深色斑块，过眼纹黑褐色，全身体羽黑褐色具黄褐色羽缘。

栖息于植物丰富的河、湖、水库、沼泽，集大群生活。以植物性食物为主，亦食昆虫、爬虫和软体动物等，为家鸭的祖先之一。

| 1 | 2 | 3 | 4 | 5 | 6 | 7 | 8 | 9 | 10 | 11 | 12 |

L58cm

斑嘴鸭 *Anas zonorhyncha* Chinese Spot-billed Duck

雁形目 鸭科　黄嘴尖鸭 火燎鸭 麻鸭 谷鸭 夏凫

宋晔 摄

王瑞卿 摄

体大的麻色鸭，体羽大都棕褐色，嘴黑，嘴端橙黄色，脸和上颈皮黄色，有黑褐色过眼纹，白色眉纹显著，嘴角处有一上扬的黑色浅纹，全身体羽黑褐色，具黄褐色羽缘，翼后部可见一条白斑，飞行时翼镜闪紫蓝色光泽，尾上、下覆羽及中央尾羽黑色，两侧尾羽淡褐色，脚橘红色。
栖息于开阔而富水草的河、湖、水库和沼泽地。

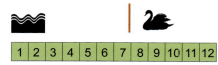

L60cm

针尾鸭 *Anas acuta* Northern Pintail

雁形目 鸭科　尖尾鸭 长尾凫　　　　　　　　　三京

体大，尾长且尖的鸭。雄鸟嘴灰而嘴锋黑色，头及颈后深褐色，有时具绿色光泽，颈侧有一明显的上尖下宽白色纵带，并与下颈白色相连，上体和两胁灰色并密布黑色波纹状细纹，飞行时可见翼上具铜绿色翼镜，中央一对尾羽特别长而尖，呈绒黑色并具绿色金属光泽，脚灰黑色。雌鸟头部淡栗色，上体黑褐色具浅色羽缘，无翼镜，尾较雄鸟短。

栖息于河、湖、水库，迁徙时集大群，以植物性食物为主，繁殖期吃大量昆虫和软体动物。

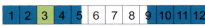

L ♂ 71cm
♀ 54cm

绿翅鸭 *Anas crecca* Eurasian Teal

雁形目 鸭科　小水鸭 巴鸭 小凫

F. 李兆楠 摄

M. 李兆楠 摄

小型鸭。嘴黑，雄鸟头和颈部栗色，自眼周往后有一宽阔具金属光泽的绿色纹，并具浅白色窄边缘；上体羽及两胁灰白色密布黑色的波纹状细纹，长条状肩羽灰色，体侧具白色横带，飞行时可见翼镜翠绿色，前、后缘白色，胸、腹部皮黄色，胸部满布黑色小斑点，尾下覆羽黑色，其两侧各具一明显的三角形黄斑，脚灰褐色。雌鸟全身褐色，上体羽具黄褐色羽缘，腹部色淡。成群栖息于河、湖、水库中。以植物性食物为主，繁殖期亦食些动物性食物。

| 1 | 2 | 3 | 4 | 5 | 6 | 7 | 8 | 9 | 10 | 11 | 12 |

L36cm

琵嘴鸭 *Spatula clypeata* Northern Shoveler
雁形目 鸭科 铲土鸭 琵琶嘴鸭　　　　　　　　　　　　　三京

中型鸭。雄鸟虹膜黄色，嘴黑色，上嘴末端扩大，整个嘴为琵琶形，头至上颈墨绿色具金属光泽，长而醒目的肩羽墨绿色具白色条纹，飞行时可见翼镜绿色具金属光泽，上缘白色。胸白，胁部两端白色，中间棕色，腹部栗色，尾白色。脚橘黄色。雌鸟嘴黄褐色，也为琵琶形，体羽黑褐色具褐色羽缘。
栖息于开阔的水库、湖、沼泽等水域。主要以螺等软体动物、水生昆虫、鱼、蛙等动物为食，亦食水藻、植物种子等植物性食物。

L48cm

白眉鸭 *Spatula querquedula* Garganey

雁形目 鸭科 巡兒   三京

F.（左）M.（右）贺建华 摄

小型鸭。雄鸟嘴黑，白色眉纹宽而长，后端向下一直延伸到颈部，头、枕部黑色，额、脸、颈棕褐色，密布白色细纵纹。上体黑褐色具浅色羽缘，长条状肩羽黑灰色，羽轴白色，飞行时可见闪亮绿色翼镜，其前后缘白，胸棕色，密布黑色鳞状斑，两胁灰白，具深色波纹状细纹，甚是显眼。脚灰黑色。雌鸟头侧皮黄色，过眼纹黑色，上体黑褐色。

栖息于开阔的湖、水库等水域，迁徙时集成大群。主要以水生植物为食，也到农田取食。

 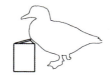

L39cm

花脸鸭 *Sibirionetta formosa* Baikal Teal

雁形目 鸭科　眼镜鸭 巴鸭 黄尖鸭 脸谱鸭　　Ⅱ

体型较小的艳丽花色鸭。嘴黑色，雄鸟头部有黑、白、乳黄、金属绿色组成的图案，如京剧脸谱般，让人过目不忘。飞行时可见绿色翼镜，前缘栗色，后缘白色，胸部红褐色，胸侧及两胁灰色，胁部前后端各具一白色条纹，脚黄绿色。雌鸭全身黑褐色，嘴基多具一浅色小圆斑。

栖息于水库、河、湖、农田等环境。以植物性食物为主，亦食些昆虫等小动物。

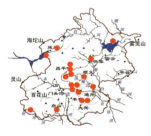

L42cm

赤嘴潜鸭　*Netta rufina*　Red-crested Pochard

雁形目 鸭科　　大红头鸭

三

M.（右）F.（左）尚亚军 摄

体型较大的花色鸭。雄鸟嘴红色、头黄褐色，颈、胸部黑色，对比明显，头部的羽毛有时会蓬松乍起，上体深褐色，翼前缘有一白色条纹，飞行时可见飞羽白色，翼下近白，两胁白色，腹部及尾上、下覆羽黑色，尾短，褐色，脚黄红。雌鸟嘴黑色，端部粉色。全身褐色，颊、喉及前颈上部近白色，眼及以上头顶深褐色，尾下覆羽白，脚黄绿色。雄鸟蚀羽似雌鸟，但嘴为红色。
栖息于有植被或芦苇的湖泊或缓水河流。杂食性，主要以水生植物和鱼虾贝壳类为食。

| 1 | 2 | 3 | 4 | 5 | 6 | 7 | 8 | 9 | 10 | 11 | 12 |

L55cm

红头潜鸭 *Aythya ferina* Common Pochard

雁形目 鸭科　　红头鸭

VU 三 京

M.（右） F.（左） 宋旭 摄

中等体型的灰色潜鸭。雄鸭虹膜红色，嘴铅灰色，基部和端部黑色。头栗红色，具明显隆起，最高点在眼上方，颈部亦为栗红色，上体灰色或灰白色，密布黑色波纹状细纹，胸黑色，两胁和腹部灰白色，尾羽灰褐色，脚灰色。雌鸭嘴灰黑色，虹膜褐色，具明显白色眼圈和较淡的眼先，及一黄褐色过眼的浅色细线，嘴基、颈部近白色，全身余部褐色，背部颜色较深。栖息于具有丰富水生植物的开阔湖泊、水库等水域，有时可见集大群出现。

| 1 | 2 | 3 | 4 | 5 | 6 | 7 | 8 | 9 | 10 | 11 | 12 |

L46cm

青头潜鸭 *Aythya baeri* Baer's Pochard

雁形目 鸭科　东方白眼鸭 青头鸭 白目凫

CR　I

M. 李兆楠 摄

M.(前) F.(后) 张永 摄

中等体型的潜鸭。嘴深灰色而端部黑色，头顶微隆起。雄鸟虹膜白色，头部显大呈墨绿色，光线不好时近黑色。上体黑褐色，胸部暗栗色。腹部白色，两胁具缀白色纵纹有别于白眼潜鸭。飞行时可见飞羽大部分白色，尾下覆羽白色。雌鸟似雄鸟，但虹膜深色，嘴基周围常呈栗色。
栖息在蒲草、芦苇丰富的湖泊、水塘及沼泽地，秋冬常集小群或混于白眼潜鸭之中。善游泳和潜水。

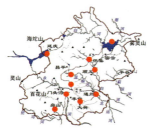

| 1 | 2 | 3 | 4 | 5 | 6 | 7 | 8 | 9 | 10 | 11 | 12 |

L45cm

白眼潜鸭　*Aythya nyroca*　Ferruginous Pochard

雁形目 鸭科　白眼凫

NT 三京

白眼潜鸭和青头潜鸭（中）李兆楠 摄

M.（左） F.（右）李兆楠 摄

体型较小的栗褐色鸭。头顶微隆起。雄鸟嘴铅灰色，嘴端黑斑较大，虹膜及尾下覆羽白色，其余头、胸部栗色，颈部为暗栗色，而上体为深褐色，两胁褐色，飞行时飞羽大部白色，外缘深色，翼下近白，脚灰色。雌鸟虹膜深色，全身棕褐色。
栖息于沼泽及淡水湖泊，冬季也活动于河口及沿海泻湖。怯生谨慎，成对或成小群活动。

| 1 | 2 | 3 | 4 | 5 | 6 | 7 | 8 | 9 | 10 | 11 | 12 |

L41cm

凤头潜鸭 *Aythya fuligula* Tufted Duck

雁形目 鸭科　凤头鸭子

三京

M.（右二）F. 李兆楠 摄

中等体型的黑白色潜鸭。嘴铅灰色，端部黑色，虹膜黄色，雄鸟头部色深具紫色光泽，冠羽长垂至枕部。初级飞羽基部灰褐色，次级飞羽基部白色，飞羽外缘均为黑色，胁、腹部白色，身体余部黑色，脚灰色。雌鸟整体深褐色，胁部稍浅，羽冠较短小不甚明显，部分个体嘴基部具浅色斑。

栖息于湖泊、水库、沼泽等开阔水面。以水生昆虫、软体动物、鱼、虾等小型动物为食，亦食些水生植物。

| 1 | 2 | 3 | 4 | 5 | 6 | 7 | 8 | 9 | 10 | 11 | 12 |

L45cm

斑背潜鸭 *Aythya marila* Greater Scaup

雁形目 鸭科　　东方蚬鸭 铃凫　　　　　　　　三

F. 李兆楠 摄

M. 王冰玲 摄

中等体型的黑白色潜鸭。嘴铅灰色而嘴甲黑色，虹膜黄色，雄鸟头和颈墨绿色，具金属光泽，背灰白色，具波纹状深色细纹，胸和尾黑色，两胁、腹部和飞羽白色，翼下近白色，脚铅蓝色。雌鸟体羽褐色，嘴基部白斑较大，两胁浅褐色。

栖息于植物生长丰富的湖泊、水塘和水库。以水生昆虫、软体动物、甲壳类、小型鱼类等动物为食，亦食些水生植物。

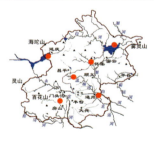

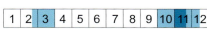

L45cm

斑脸海番鸭 *Melanitta stejnegeri* Siberian Scoter

雁形目 鸭科　　海番鸭 奇嘴鸭　　　　　　　　　三

F. Vincent 摄

M. 徐永春 摄

体型较大的黑色海鸭。雌鸭通体深褐色，嘴黑，头侧近嘴基部和耳羽处各具一近白色圆斑，翼上有时可见白斑。雄鸭全身黑色，头部扁长，嘴为红色且端部黄色，上嘴基有黑色肉瘤，眼睛虹膜白色，眼下具一上翘的半月形白斑，飞行时可见次级飞羽白色，停歇时有时可见翼上的此白斑，脚红色。北京所见多为雌鸟或未成年鸟，成年雄鸟甚少。善潜水，迁徙途中有时停歇于淡水水域。

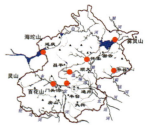

| 1 | 2 | 3 | 4 | 5 | 6 | 7 | 8 | 9 | 10 | 11 | 12 |

L56cm

长尾鸭 *Clangula hyemalis* Long-tailed Duck
雁形目 鸭科　冰凫

VU 三 京

ad.M. 徐永春 摄

ad.F. 娄方舟 摄

imm. 李兆楠 摄

体型较大的黑白鸭。雄鸟嘴短，黑色，嘴中部有粉红色块斑，头、颈部白色而头侧灰褐色，颈侧黑褐色，背、腰部黑色，肩羽白色；胸部具一黑色胸带，腹部白色，飞行时可见两翼均为黑褐色，黑色中央尾羽极长，十分醒目，脚灰色。雌鸟嘴灰黑色，全身大体深褐色而头、腹近白色，头顶具斑驳黑褐色，脸颊下有一大块黑褐色斑。北京所见多为单只（雌鸟或未成年鸟）或成对出现，潜水觅食。

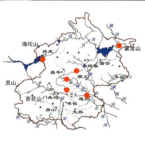

| 1 | 2 | 3 | 4 | 5 | 6 | 7 | 8 | 9 | 10 | 11 | 12 |

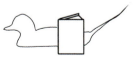

L58cm

鹊鸭 *Bucephala clangula* Common Goldeneye

雁形目 鸭科　　喜鹊鸭 白颊鸭 金眼鸭　　　　　　　　　　　**三京**

M. 李兆楠 摄

F. 王瑞卿 摄

中等体型的黑白色潜鸭。虹膜黄色，头顶隆起。雄鸟嘴短粗，黑色，头和上颈墨绿色具金属光泽，两颊近嘴基处各具一白色大圆斑。上体黑色，肩羽白色，具黑色斜纹，下体白色，飞行时可见两翼黑色，近基部大面积白色。雌鸟嘴灰黑色，端部黄色，头棕褐色，上体灰褐色，胸、胁灰色。栖息于林间溪流、池塘、水库。善游泳和潜水，能长时间潜入水下捕食小型鱼类、甲壳类、软体动物等小型水生动物。

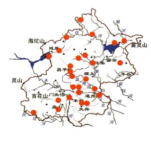

| 1 | 2 | 3 | 4 | 5 | 6 | 7 | 8 | 9 | 10 | 11 | 12 |

L46cm

58

斑头秋沙鸭（白秋沙鸭） *Mergellus albellus* Smew

雁形目 鸭科　　花头锯嘴鸭 小鱼鸭 鱼猴子　　Ⅱ

M.（右）F.（左）孙少海 摄　　M. 李兆楠 摄

体型较小的黑白色鸭。雄鸟嘴铅灰色，全身大部分雪白，但眼周、枕、上背、肩羽边缘及胸侧的狭窄条纹为黑色，头顶略具冠羽，飞行时翼黑色，翼上覆羽、大覆羽外缘和次级飞羽外缘白色，尾灰色。雌鸟头部至后颈栗色，眼周黑，颊、喉部及前颈白色，上体黑灰沾褐色，下颈至胸和两胁灰色，腹部以下白色。

栖息于林缘河、湖及水库。潜水捕食小鱼，亦食软体动物等水生动物。雄鸟眼周黑色，似熊猫眼，故而被戏称为熊猫鸭。

| 1 | 2 | 3 | 4 | 5 | 6 | 7 | 8 | 9 | 10 | 11 | 12 |

L42cm

普通秋沙鸭 *Mergus merganser* Common Merganser

雁形目 鸭科　秋沙鸭 拉他鸭子 废物鸭子　　　　　　　　　三京

M.(左) F.(右) 宋晔 摄

M.(上) F.(下) 李兆楠 摄

体型硕大的鸭。雄鸟嘴暗红色，端部黑色，细长而嘴尖带钩，头、上颈墨绿色，枕部羽毛蓬松似冠羽，下颈、胸、腹及两胁白色，上体背、腰和尾灰色，肩羽黑色，三级飞羽白色具黑色细条纹，飞行时可见初级飞羽黑色，翼上其他区域白色，尾短尖，灰色，脚红色。雌鸟具冠羽，头、上颈棕褐色，喉白，分界明显，上体灰色，下体白色。栖息于河、湖等开阔水域。主要以鱼类和其他水生动物为食。常集群活动，频繁潜水捕食。

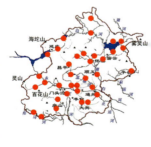

| 1 | 2 | 3 | 4 | 5 | 6 | 7 | 8 | 9 | 10 | 11 | 12 |

L64cm

红胸秋沙鸭 *Mergus serrator* Red-breasted Merganser

雁形目 鸭科　　　　　　　　　　　　　　　　三京

M. 王瑞卿 摄

F. 赵云天 摄

体型较大的鸭。雄鸟嘴红色，细长，略上翘，虹膜红色，头、上颈墨绿色具金属光泽，有冠羽，下颈白色，上体背、腰和尾灰色，肩羽黑色，三级飞羽白色，具黑色细条纹，胸棕褐色，满布黑色斑点，胸侧黑色，具白色块斑，两胁灰色，满布蠕虫状细纹。雌鸟额、头顶灰褐色，具冠羽，可见淡色眼圈，眼先及颏喉污白色，眼下至颈部黄褐色，胸部灰白色，两者分界并不明显。栖息于沿海浅水区，偶见于淡水中。潜水寻食，食性同其他秋沙鸭。

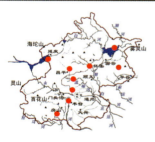

L53cm

中华秋沙鸭 Mergus squamatus Chinese Merganser
雁形目 鸭科　鳞胁秋沙鸭

EN Ⅰ

M. 赵云天 摄

F. 赵云天 摄

大型鸭。雄鸟嘴鲜红而端部黄色，嘴端部具钩，但不明显，头、颈、上背及肩羽具墨绿色光泽，枕后冠羽较长，胁部白色具明显鳞状纹，胸部和腹部白色，飞行时可见翼黑白两色，并具两道黑色横线，腰、尾上下覆羽及两侧灰白色，亦具细小鳞状纹。雌鸟头、颈栗色，冠羽较雄鸟短，眼周色深，上体灰色，两胁亦具清晰的鳞状纹。越冬于南方偏远山区的大型河流或水库，喜群居。迁徙季节偶见单独或成对出现。

| 1 | 2 | 3 | 4 | 5 | 6 | 7 | 8 | 9 | 10 | 11 | 12 |

L58cm

䴙䴘目 PODICIPEDIFORMES

䴙䴘
似鸭游禽，尾短小，嘴尖，脚位于身体后部。善潜水，具瓣状蹼。

鸽形目 COLUMBIFORMES

鸠鸽
形似家鸽。腿短，常于地面行走觅食。飞行速度甚快，常直线飞行。

沙鸡目 PTEROCLIFORMES

沙鸡
身材似鸽，头小，翅尖长。生活于荒漠、半荒漠生境。

夜鹰目 CAPRIMULGIFORMES

夜鹰
夜行性鸟。翅尖长，嘴阔，嘴须发达，飞行中捕食昆虫。

雨燕
体型似燕。腿短，脚弱小，翅尖长，折合时远超过尾端。飞行迅速，华北的数种雨燕从不停歇于电线或枝头。

小䴕䴘 *Tachybaptus ruficollis* Little Grebe

䴕䴘目 䴕䴘科　水葫芦　王八鸭子　　　　　　　　　　　　三京

br. 吴秀山 摄

non-br. 吴秀山 摄

juv. 宋晔 摄

小型䴕䴘。虹膜乳白色，翼短尾短。繁殖羽嘴黑色，端部白色，嘴基具乳黄色斑，眼以上头顶、颈后、上体、胸部黑褐色，颊、耳羽、前颈和颈侧栗红色，下体污白色。非繁殖羽上嘴黑色，下嘴黄色，上体灰褐色，前胸、胁部淡黄褐色。未成年鸟头、颈部有黑白色条纹，随时间逐渐消失。
栖息于各种水体。善游泳潜水，捕食鱼、虾和水生昆虫。常见其贴近水面踏水飞行，并发出清脆连串的叫声。营浮巢于水面，繁殖季可见成鸟将幼鸟驼于背上。

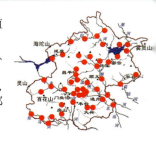

| 1 | 2 | 3 | 4 | 5 | 6 | 7 | 8 | 9 | 10 | 11 | 12 |

L25cm

凤头䴙䴘 *Podiceps cristatus* Great Crested Grebe

䴙䴘目 䴙䴘科　浪里白 水驴子　　　　　　　　　三京

br. juv.（背上）吴秀山 摄

non-br. 颜晓勤 摄

大型䴙䴘。繁殖羽嘴黑褐色，嘴基至眼具一黑线，头侧至颈部白色，头顶黑色，具明显冠羽，头、颈交汇处具长饰羽，上端棕栗色而下端黑色，后颈和背灰黑色，前颈、胸、腹白色，两胁棕褐色。非繁殖羽嘴灰褐色，冠羽不显著，也无颈上饰羽，后颈和背灰褐色，胁部淡褐色，其余白色。未成年鸟头、颈部具黑白纹，随时间逐渐消失。

栖息于开阔水面。善潜水，能潜入水中很长时间。春季常见雌雄对舞的独特求偶行为，也可看到成鸟背负幼鸟。

| 1 | 2 | 3 | 4 | 5 | 6 | 7 | 8 | 9 | 10 | 11 | 12 |

L55cm

角䴘 *Podiceps auritus* Horned Grebe

䴘形目 䴘科

VU Ⅱ

non-br. 王瑞卿 摄

br. 王瑞卿 摄

中型䴘，体态紧实。虹膜红色。嘴型尖直不上翘，为黑色且端部白色。繁殖羽头、上颈黑色，眼先至嘴基有一道红色"血槽"，头、颈部交汇处羽毛较长呈蓬松状，橙黄色侧冠羽自眼后延伸到枕部两侧，呈角状，下颈、胸及两胁栗红色，上体黑褐色。非繁殖羽头顶较平，眼上部位均为黑色，颊、喉和胸近白色，黑白分界为一条直线，前颈污白色，颈侧和颈后黑褐色，上体黑灰色，两胁灰色。

主要栖息于平原的静水水域，尤喜富有挺水植物的地方。

| 1 | 2 | 3 | 4 | 5 | 6 | 7 | 8 | 9 | 10 | 11 | 12 |

L33cm

黑颈䴙䴘 *Podiceps nigricollis* Black-necked Grebe
䴙䴘目 䴙䴘科

Ⅱ

br. 赵云天 摄

non-br. 宋晔 摄

中型䴙䴘。额部较为竖直，嘴黑色，嘴尖略上翘，可与角䴙䴘区别。虹膜红色，略具冠羽，繁殖羽头、颈、胸和上体黑色，眼后至耳羽处具一簇扇形的金黄色饰羽，两胁红褐色而下胁部灰黑色，腹白色。非繁殖羽嘴角质色，眼周及以上头顶黑色，耳羽处无饰羽，颊、颏喉部白色，黑白分界线模糊且非一直线，前颈、颈侧灰褐色，上体黑褐色，胸部污白色，两胁灰黑色。栖息于水库、河流、沼泽。善潜水，迁徙时常成小群出现。

L30cm

| 1 | 2 | 3 | 4 | 5 | 6 | 7 | 8 | 9 | 10 | 11 | 12 |

67

赤颈䴙䴘 *Podiceps grisegena* Red-necked Grebe
䴙䴘目 䴙䴘科 赤襟䴙䴘　　　　　　　　　　　　　　　　Ⅱ

br. 李兆楠 摄

non-br. 王瑞卿 摄

大型的深色䴙䴘。繁殖羽嘴黑色，下嘴基黄色，额、头顶、颈后黑色，具短的冠羽，耳羽、颊、喉灰白色，前颈、颈侧和上胸栗红色，上体黑褐色。非繁殖羽下嘴黄色，上嘴黑色，头顶近黑色，头侧和喉灰色，颈部略沾栗色，上体黑灰色。
栖息于湖泊、水库。善潜水，以鱼、蛙、水深昆虫及某些水生植物为食。

| 1 | 2 | 3 | 4 | 5 | 6 | 7 | 8 | 9 | 10 | 11 | 12 |

L50cm

岩鸽　*Columba rupestris*　Hill Pigeon

鸽形目 鸠鸽科　野鸽子 山石鸽　　　　　　　三京

雨后青山 摄

张永 摄

外形和羽色都极似灰色的家鸽。嘴黑，虹膜橘红色，头顶、颈及喉部呈蓝灰色，颈与上胸具紫绿色金属光泽。停落时翼上可见两道黑色斑带。腰部白色，尾次端有一宽阔白色横带，飞行时极其明显，可与家鸽区分。脚暗红色。

区域性常见于北京西北部山区，常成群栖息于山区裸岩崖壁，或集大群盘旋于山谷之中，多可至上百大群。叫声似家鸽。

L33cm

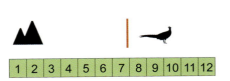

珠颈斑鸠 *Spilopelia chinensis* Spotted Dove

鸽形目 鸠鸽科　花斑鸠 野鸽子 珍珠鸡

ad. 李兆楠 摄

imm. 焦庆利 摄

体型中等粉灰色调的斑鸠。嘴黑褐色，虹膜橘色。头顶蓝灰色，颈侧与颈后具宽阔的黑色领环并缀以白色珍珠状斑点，甚为醒目。飞羽深褐色，尾褐色较北京其他斑鸠更显长，外侧尾羽具白色末端斑。颈部和下体偏粉，脚紫红色。未成年鸟无颈部特征。

北京城区最常见的鸟类之一，城市绿地、公园乃至居民区中均可见到。常结小群在地面觅食，营巢于树上，亦见于楼房护栏、空调室外机旁，巢极简。叫声似家鸽，常被误以为是布谷鸟叫。

L30cm

山斑鸠 *Streptopelia orientalis* Oriental Turtle Dove

鸽形目 鸠鸽科　金背斑鸠 斑鸠　　　　　　　　　三

沈越 摄

色彩亮丽且显壮实的斑鸠。虹膜橘红色，颈侧部具黑色与蓝灰色条纹相交织的块状斑。翼覆羽外缘棕红色，形成甚为显眼的"火鳞纹"。腰和背部灰蓝色，尾部具灰色且连贯的端斑。脚呈暗紫色。常结小群活动，活动于浅山区和远郊平原的多树地带或水库、河流沿岸（曾于冬季在怀柔水库岸边见30余只山斑鸠同栖一树），城市公园中较少见。取食于地面，以各种植物种子和野生浆果为食。营巢于乔木，以稀疏枯枝构成盘状巢。

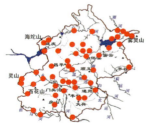

L33cm

灰斑鸠　*Streptopelia decaocto*　Eurasian Collared Dove

鸽形目 鸠鸽科　　领斑鸠

三

中等体型的灰色斑鸠。虹膜暗红色,嘴黑色。周身以灰色调为主,从颈侧至颈后有一道黑领环,其领环上下略具白色边缘。飞羽黑褐色,外侧尾羽基部黑褐色,尾端具宽阔的白色横带。下体灰色较浅,胸部略沾粉色。脚呈暗粉红色。

结小群活动于山林树丛或郊区的村落附近、房前屋顶,亦偶见于城市公园中。常与其他斑鸠混群取食于地面,主要以植物性食物为食。

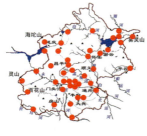

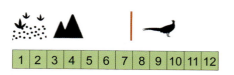

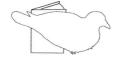

L32cm

火斑鸠 *Streptopelia tranquebarica* Red Turtle Dove
鸽形目 鸠鸽科 红鸠

F. 夏淳 摄

M. 陈晓明 摄

体型较小而显紧凑的斑鸠。雄鸟虹膜色暗，头部蓝灰色，从颈侧至颈后有一道黑领环。整体呈红褐色。腰及尾上覆羽蓝灰色，飞羽近黑色。尾羽基部色深，端部具宽阔的白色端斑。脚近黑色。雌鸟体型、虹膜、脚色同雄鸟，体色似灰斑鸠但体型更小。北京见于山林或郊区湖泊、河流的岸边乔木之上。通常不结群，单只或成对出现。营巢于山麓附近的树林中，每巢产卵2枚，卵呈白色。

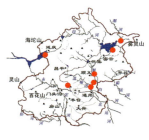

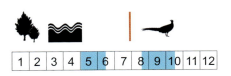

L23cm

毛腿沙鸡 *Syrrhaptes paradoxus* Pallas's Sandgrouse

沙鸡目 沙鸡科　沙鸡 兔爪鸡　　　　　三京

M. 宋晔 摄

F. 孙少海 摄

M. 王瑞卿 摄

北京唯一可见的沙鸡科鸟类。雄鸟脸颊和后颈两侧呈锈红色，全身羽毛呈沙黄色，背部杂以黑色横斑。胸部灰黄色，下胸有细横纹，形成黑色胸带。腹部中央具黑色块斑，双翼初级飞羽特别延长，一对中央尾羽突出，细长而尖，飞行时尤为明显。脚上覆以淡土黄色厚毛，似兽足状。雌鸟似雄鸟而下胸无横纹，翼上覆羽布黑色心形斑。

喜集群飞翔、觅食。善奔走，快速低飞时常鸣叫不休。遇险时紧贴地面凭毛色隐蔽。在北京冬季不定期出现于干涸的滩涂及荒地。常时隔数年出现一次数量的爆发。

| 1 | 2 | 3 | 4 | 5 | 6 | 7 | 8 | 9 | 10 | 11 | 12 |

L38cm

普通夜鹰 *Caprimulgus jotaka* Grey Nightjar

夜鹰目 夜鹰科　贴树皮 蚊母鸟 鬼鸟　　　　三 京

吴秀山 摄

孙少海 摄

北京唯一可见的夜鹰科鸟类。雄鸟整体为棕褐色，杂以灰白、黑褐色细斑。颏喉部黑褐色，下喉具一大块白斑。外侧初级飞羽具一白斑。中央尾羽黑色，外侧尾羽具白色次端斑。雌鸟似雄鸟，但尾羽和初级飞羽无白色斑块或不显著。

白天在林中，贴伏于较大树枝上，体色与树皮融为一体，极难发现，俗称"贴树皮"。黄昏后开始活跃，飞行快而无声，常在空中回旋飞行捕食蚊虫，民间误以为是蚊虫从其口中飞出，故又有"蚊母鸟"之称。鸣声为连续快速而单调的"啾啾啾啾啾……"，彻夜不停，一般为九声一度。

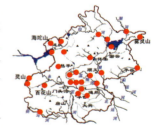

  |

| 1 | 2 | 3 | 4 | 5 | 6 | 7 | 8 | 9 | 10 | 11 | 12 |

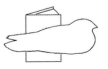

L28cm

白喉针尾雨燕 *Hirundapus caudacutus* White-throated Needletail

夜鹰目 雨燕科　　山燕子 针尾沙燕　　　　　　　　三

娄方舟 摄

大型且显壮实的雨燕。周身黑褐色，颏、喉白色。两胁至尾下覆羽白色，形成明显的白色马鞍形斑块。翼覆羽和尾略具暗绿色金属光泽。尾羽轴末端延长呈针状，尤为特别。但一般野外不易观察到，需拍摄较清晰照片方可看出。

常单只或集小群飞翔于山头或郊区河流上空，抑或围绕在山头飞行，速度极快。值得一提的是，白喉针尾雨燕春秋迁徙路线不尽相同，秋季过境北京的数量明显多于春季。

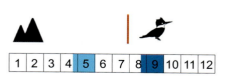

L20cm

普通雨燕（普通楼燕） *Apus apus* Common Swift

夜鹰目 雨燕科　麻燕儿 楼燕 北京雨燕 褐雨燕　　三 京

沈越 摄

宋旭 摄

亚种模式产地即在北京。1870年，英国人斯文侯（Swinhoe）在北京发现并命名了普通雨燕北京亚种 *A.a. pekinensis*，故又称北京雨燕。其周身暗褐色，颏、喉近白色。两翼极狭长呈镰刀状。尾呈浅叉状，但完全打开时近平。

常集大群在城楼、庙宇等高大古建附近疾速飞翔，且飞且叫，叫声响亮尖锐，在疾飞中张口捕食飞虫。通常营巢于古建的檐洞榫卯结构中，近年亦见于现代建筑如立交桥、北京首都国际机场3号航站楼的孔洞中。

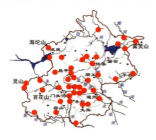

| 1 | 2 | 3 | 4 | 5 | 6 | 7 | 8 | 9 | 10 | 11 | 12 |

L18cm

白腰雨燕 *Apus pacificus* Fork-tailed Swift

夜鹰目 雨燕科　白尾根麻燕儿 白尾根雨燕儿　　　　　三京

焦庆利 摄

沈越 摄

较大的雨燕。嘴黑色，颏喉部白色，具细黑褐色羽干纹。上体、两翼和尾大部分为辉黑褐色，腹部和尾下覆羽均为黑褐色。整体似普通雨燕，而腰部白色显著。脚呈紫黑色。

常边飞边叫，声音尖细。主要以飞虫为食。在北京西部山区繁殖，特别是筑巢于近河边的悬崖峭壁、洞穴中。亲鸟用枯草、枯叶、细须根、残羽等与唾液混合黏附在岩壁上。巢呈圆杯形，每巢卵2~3枚。

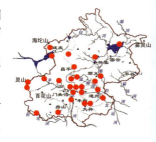

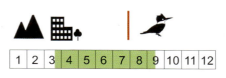

| 1 | 2 | 3 | 4 | 5 | 6 | 7 | 8 | 9 | 10 | 11 | 12 |

L19cm

鹃形目 CUCULIFORMES

杜鹃
著名的巢寄生鸟类。体态修长,翅、尾均长。飞行迅速,常被误认为隼。不同种类颇为类似,叫声是最好的辨别依据,此外,不同生境、腹部横纹的粗细、疏密也是鉴别的重要参考。

鸨形目 OTIDIFORMES

鸨
颈、腿均长而粗的大型鸟类,以灰、棕、皮黄等色为主,栖息于半荒漠地带或草地。其中大鸨是能够飞翔的体重最重的鸟类。

鹤形目 GRUIFORMES

秧鸡
体型肥胖的中小型涉禽。趾甚长,尾短,常上翘。多数性情羞涩,常晨昏活动,出没在水边。

鹤
姿态优雅的大型涉禽。颈部较细,后趾退化而位高,绝不停歇于树上。飞行时颈、腿均伸直。叫声明亮。

红翅凤头鹃 *Clamator coromandus* Chestnut-winged Cuckoo

鹃形目 杜鹃科 冠郭公

三

娄方舟 摄

赵云天 摄

色彩鲜艳的大型鹃类。雄雌相似。黑色凤头显著，嘴黑色，喉橘黄色，颈圈白色，与背部的辉黑色对比明显，两翼栗红色，腹部近白。尾长，黑色并具蓝色金属光泽。脚黑色。

见于低山丘陵和山麓疏林中，偶至植被较好的平原地区，活动于高而暴露的树枝间。振翅与飞行时凤头收拢。叫声极为特殊，似电子音的"吱—吱—"声，过耳不忘。

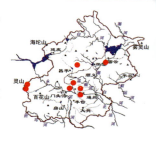

| 1 | 2 | 3 | 4 | 5 | 6 | 7 | 8 | 9 | 10 | 11 | 12 |

L45cm

噪鹃 *Eudynamys scolopaceus* Western Koel
鹃形目 杜鹃科　哥好雀

F. 沈越 摄

M. 赵和平 摄

大型显凶狠的鹃类，虹膜红色。雄鸟嘴牙黄色，略下弯。全身黑褐色，具钴绿色金属光泽。雌鸟周身黑褐色并密布灰白色斑点，尾羽具白色横纹。脚蓝灰色。未成年鸟嘴色深。

多单独活动。隐藏于茂密的树冠处，连续发出响亮的"啊—啊—"声，声调逐次提高，可多达12次，声传甚远。喜食桑葚等浆果，亦食昆虫。在北京山区密林中繁殖，通常巢寄生于红嘴蓝鹊、灰喜鹊等巢中。

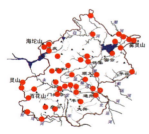

| 1 | 2 | 3 | 4 | 5 | 6 | 7 | 8 | 9 | 10 | 11 | 12 |

L43cm

大鹰鹃（鹰鹃） *Hierococcyx sparverioides* Large Hawk Cuckoo

鹃形目 杜鹃科　　顶水盆 叫水龙 鹰头杜鹃 子规　　　　　　　　三

ad. 沈越 摄

imm. 李兆楠 摄

体型较大的鹰状灰褐色鹃类。虹膜黄色。上嘴黑色，下嘴基黄绿色。头、颈部灰色，上体和两翼灰褐色。颏近黑色，上胸棕黄色，下胸和腹白具较粗的深色横纹，脚橙黄色。未成年鸟虹膜褐色，眼圈金黄色，上体褐色布浅棕色斑点，下体污白并具深色纵纹。多单独活动，隐于山区茂密乔木之上，难以发现。叫声为"贵、贵、油"三声一度，连叫4~6次，愈叫愈响，突然停止，常只闻其声不见其形。主要以昆虫为食，特别是鳞翅目幼虫、蝗虫等。常巢寄生于喜鹊巢中。

| 1 | 2 | 3 | 4 | 5 | 6 | 7 | 8 | 9 | 10 | 11 | 12 |

L40cm

北棕腹鹰鹃（北鹰鹃）

Hierococcyx hyperythrus
Northern Hawk-Cuckoo

鹃形目 杜鹃科　棕腹杜鹃 小鹰鹃

三

体型中等，似大鹰鹃而较其小的鹃类。成鸟虹膜褐色，金黄色眼圈显著。嘴尖黑色，基部黄色。头灰色，上体和两翼青灰色，颏黑而喉部偏白，下体淡红棕色。尾淡灰褐色，具宽阔的黑色次端斑和棕红色的端斑。脚黄色。未成鸟两翼偏棕褐色，胸、腹部为空心的褐色纵纹，有别于大鹰鹃的未成年鸟。

多单独活动，性隐蔽，不易发现。栖于常绿阔叶林、针叶林或山地灌木林中，偶至城区植被较好的林地。其声似大鹰鹃但尖锐且轻。以昆虫（尤其是鳞翅目幼虫）为主要食物。

| 1 | 2 | 3 | 4 | 5 | 6 | 7 | 8 | 9 | 10 | 11 | 12 |

L32cm

小杜鹃 *Cuculus poliocephalus* Lesser Cuckoo

鹃形目 杜鹃科　小郭公 阴天打酒喝 催归　　三

体型较小显紧实的杜鹃。虹膜褐色，眼圈金黄色。上体灰色，飞羽黑褐色。上胸浅灰沾棕色，下体余部白色，具黑色横纹，横纹较大杜鹃而粗，其间隔较中杜鹃更宽。部分雌鸟为棕色型，上体红褐色，头、颈及腰部无深色横斑。
常单独活动，躲在茂密的枝叶间鸣叫。叫声响亮而急促，音调起伏较大，似"点灯捉各蚤吧"或"阴天打酒喝喝"。主要以鳞翅目幼虫为食。巢寄生于鹪鹩、白腹暗蓝鹟、柳莺等巢中。

| 1 | 2 | 3 | 4 | 5 | 6 | 7 | 8 | 9 | 10 | 11 | 12 |

L26cm

四声杜鹃　*Cuculus micropterus*　Indian Cuckoo

鹃形目 杜鹃科　光棍好苦　割麦割谷　花咯咕　　　三京

imm. 高翔 摄

ad. 宋晔 摄

中型杜鹃。虹膜褐色，眼圈黄色。头、颈部灰色与上体深褐色对比明显。尾具宽阔的深色次端斑，有别于其他几种杜鹃。颏、喉、上胸灰色，以下为白色并具较粗的黑色横纹。雌鸟胸部沾棕红色。

常单独活动，嗜食毛虫。栖于山地或平原地区的密林、城市公园中。叫声为响亮的四声一度，似"光棍好苦"或"割麦割谷"，常巢寄生于灰喜鹊、黑卷尾等巢中。

| 1 | 2 | 3 | 4 | 5 | 6 | 7 | 8 | 9 | 10 | 11 | 12 |

L33cm

东方中杜鹃（北方中杜鹃）*Cuculus optatus* Oriental Cuckoo
中杜鹃 *Cuculus saturatus* Himalayan Cuckoo

鹃形目 杜鹃科　中咯咕 山郭公

imm. 李兆楠 摄

ad. 张永 摄

原为中杜鹃两个亚种，现已分别独立成种。中杜鹃虹膜棕黄色。雄鸟上体褐色较重，翼下覆羽横纹不明显，白色翼缘显著，尾无深色次端斑。腹部白色，具较粗的黑色横纹。下腹部略沾皮黄色，野外表观上甚难与东方中杜鹃区分。东方中杜鹃虹膜多为红褐色，上体石板灰色，较中杜鹃色淡，胸、腹部横纹更细。部分雌鸟有深色型个体，上体为棕褐色布黑色横纹。二者均见于北京中高海拔山区密林，偶至城区。嗜食毛虫。中杜鹃鸣声一般多于两声："空，空空空……"，第一声较轻常被忽略。东方中杜鹃鸣声为："空、空—"，似戴胜而两声一度，较中杜鹃更加圆润空灵。

| 1 | 2 | 3 | 4 | 5 | 6 | 7 | 8 | 9 | 10 | 11 | 12 |

L30cm

大杜鹃 *Cuculus canorus* Common Cuckoo

鹃形目 杜鹃科 布谷鸟 郭公 咯咕   三 京

brown morph F. 沈越 摄

李兆楠 摄

中型鹃类。虹膜及眼圈明黄色。成鸟雄鸟上体暗灰色，翼缘白色，具褐色细斑纹，翼下覆羽横纹显著而整齐。腹部白色，具黑色斑纹，斑纹较细且间隔较窄。偶有深色型雌鸟，上体栗棕色，头、背具深色横斑而腰部无斑。

常成对活动于水边，边飞边鸣。多栖于开阔的树林中，尤喜近水的树林。以昆虫为食，嗜吃毛虫。多见巢寄生于东方大苇莺巢中。鸣叫声为洪亮的"布谷，布谷"，二声一度。

| 1 | 2 | 3 | 4 | 5 | 6 | 7 | 8 | 9 | 10 | 11 | 12 |

L32cm

大鸨　*Otis tarda*　Great Bustard

EN Ⅰ

鸨形目　鸨科　地鵏　羊鵏（雄）　鸡鵏（雌）　青鵏（幼）　老鵏　老鸨　独豹

M. F.（右前）李兆楠 摄

体型粗壮硕大,现存能飞行的最重的鸟类。雄鸟（冬季）头、颈、上胸均呈灰色,颏喉部有灰白色须状羽,上体及翼上覆羽具虎皮状斑纹,飞行时可见其飞羽黑色。下体及尾下覆羽污白色。脚仅具3趾。雌鸟似雄鸟而明显体小,颏喉部无须状羽。
多成小群活动于开阔水域附近的农田荒地。性机警,很难靠近。善于奔走,由于于体重较大,一般起飞时需平地助跑几步方可起飞,飞行时振翼缓慢而有力。冬季在北京多取食散落在地面的谷物,也采食一些野生植物的种子。

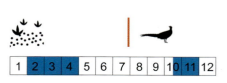

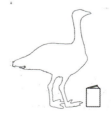

L ♂ **100cm**
　♀ **80cm**

白胸苦恶鸟 *Amaurornis phoenicurus* White-breasted Waterhen

鹤形目 秧鸡科　白腹秧鸡 白胸秧鸡

三

王昀 摄

中型秧鸡。嘴黄绿色，上嘴基红色，上体暗灰色，额、头侧、喉、前颈至腹部中央白色，边界为黑色，尾下覆羽栗红色，脚黄色，趾长。未成年鸟全身大部黑色，腹部深灰色，脚黑色。

栖息于生长有芦苇、山棱草等植物的湖、水库、池塘等沼泽地带，主要以螺、昆虫、蜘蛛等动物性食物为食，亦食些植物的芽、种子。多晨昏活动，叫声多似"苦恶，苦恶"而得名。行走时频繁翘尾。

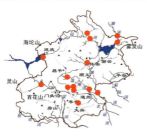

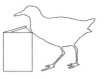

L33cm

西秧鸡（西方秧鸡） *Rallus aquaticus* Weastern Water Rail
鹤形目 秧鸡科

张永 摄

中型秧鸡，曾为普通秧鸡新疆亚种 *R.i.korejewi*，现已独立为种。嘴红色，嘴峰黑色，较细长，头侧、前颈、胸、腹部蓝灰色，无过眼纹，头顶至颈后黄褐色，密布黑褐色细纵纹，上体羽黄褐色，具黑色羽干，两胁黑褐色，密布白色条纹，尾短尖，尾下覆羽白色，脚黄褐色或肉粉色。常栖息于水田、水塘及芦苇沼泽等生境，喜在浅水中涉水，并不时翘尾。捕食淡水鱼虾，昆虫等，有时边游泳边觅食。多晨昏活动，性机警。

| 1 | 2 | 3 | 4 | 5 | 6 | 7 | 8 | 9 | 10 | 11 | 12 |

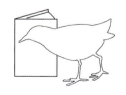

L29cm

普通秧鸡 *Rallus indicus* Eastern Water Rail
鹤形目 秧鸡科　紫面秧鸡

马楠 摄

中型的褐色秧鸡。嘴红色，嘴峰黑色，较细长，头侧灰色，具黑褐色的过眼纹，颊、喉灰白色，前颈、胸、腹部黄褐色，头顶、颈后黄褐色，密布黑褐色细纵纹，上体黄褐色，并具黑色斑纹，两胁黑褐色，密布白色条纹，尾短尖，尾下覆羽白色，具黑斑，脚黄褐色。

栖息、活动于水域附近的芦苇丛、灌木、草丛或水稻田中，性机警。吃植物的种子和谷物，亦食昆虫。行走时频繁翘尾。

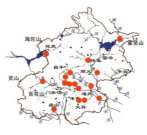

| 1 | 2 | 3 | 4 | 5 | 6 | 7 | 8 | 9 | 10 | 11 | 12 |

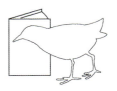

L29cm

小田鸡 *Zapornia pusilla* Baillon's Crake
鹤形目 秧鸡科　　三

imm. 李兆楠 摄

ad. 张岩 摄

小型秧鸡。雄鸟嘴短尖，上嘴灰黑色，下嘴绿色，头顶、颈后黑褐色，头侧、喉部、前颈和胸、腹部灰色，上体羽褐色杂以黑色和灰白色斑纹，下体胁部和尾下覆羽具黑灰、灰白两色条纹，尾短尖，脚黄绿色。雌鸟色暗，耳羽褐色。幼鸟上嘴灰黑色，下嘴黄色，全身褐色或灰褐色，略有过眼纹，咳、喉近白色，脚黄褐色。
栖息于平原地区水域附近杂草丛生处，在芦苇丛、水稻田中觅食。行走时频繁翘尾。

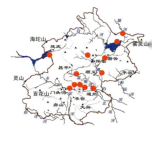

| 1 | 2 | 3 | 4 | 5 | 6 | 7 | 8 | 9 | 10 | 11 | 12 |

L18cm

红胸田鸡

Zapornia fusca Ruddy-breasted Crake

鹤形目 秧鸡科　田鸡子

沈越 摄

小型秧鸡。嘴较短,铅灰色,头、前颈至胸及上腹部栗红色,颏、喉部颜色较浅,枕部、颈后至上体橄榄褐色,下腹、后胁部及尾下覆羽也为橄榄褐色并具白色细横斑,尾短,脚红色。

栖息、觅食于水域附近芦苇丛、草丛和水稻田中。善隐蔽,常晨昏活动,行走时频繁翘尾。

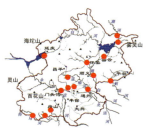

L22cm

董鸡 *Gallicrex cinerea* Watercock

鹤形目 秧鸡科　水鸡 凫翁

F. 钱斌 摄

M. 朱英 摄

大型秧鸡，似黑水鸡的放大版。雄鸟嘴黄色而短尖，头部红色额甲凸起，体羽几乎黑色，飞羽黑褐色，尾短，脚黄绿色，趾明显长。雌鸟嘴肉黄色，全身黄褐色，上体黑褐色，飞羽灰黑色，胁部具细密横纹，脚绿色，趾长。

曾为北京典型夏候鸟，现已甚为罕见。栖息于水域附近芦苇丛、灌丛或水稻田中。杂食。白天隐藏，清晨和黄昏外出到旷野觅食。善于涉水行走，并不时翘起尾巴，叩点着向前下方伸长头、颈部。黄昏时连续鸣叫，声音响亮，似"咚咚咚"声。

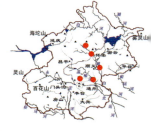

| 1 | 2 | 3 | 4 | 5 | 6 | 7 | 8 | 9 | 10 | 11 | 12 |

L40cm

黑水鸡 *Gallinula chloropus* Common Moorhen
鹤形目 秧鸡科　红骨顶

ad. 王瑞卿 摄

imm. 张代富 摄

juv. 王昀 摄

中型秧鸡。全身黑色，嘴前端黄色，后端至额甲板鲜红色，头、颈部至下体石板灰黑色，上体橄榄褐色，两胁具长条状白色横纹，尾下覆羽白色而中央黑色，脚黄绿色，脚趾明显长。未成年鸟全身灰褐色，体侧具白色纹。雏鸟黑色，头顶秃，嘴端偏黄色。

常成小群栖息于各类湿地，多在水面上静游，并不时翘尾。以水草、植物嫩芽叶、小鱼虾、水生昆虫等为食。叫声清晰而脆。

L31cm

白骨顶（骨顶鸡） *Fulica atra* Common Coot

鹤形目 秧鸡科　水姑丁

三

imm. 卫桐 摄
juv. 李兆楠 摄

ad. 吴秀山 摄

体型较大的秧鸡。全身黑色圆润，嘴和额甲板白色，虹膜红色，飞行时可见次级飞羽具窄的白色羽缘，尾短，脚灰色，各前趾具瓣蹼。雏鸟身体黑色，头部红色且头顶秃，头、颈部具黄色绒毛，未成年鸟羽色较浅，与同龄黑水鸡相比，胁部无白色横纹。雏鸟似黑水鸡雏鸟，但嘴端偏白。栖息于水草丰富的开阔水面。繁殖期间成对活动，迁徙季节结成大群。大部分时间在水面活动，善潜水。以鱼、虾、昆虫，植物嫩芽等为主要食物。

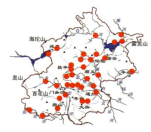

L40cm

白枕鹤 *Antigone vipio* White-naped Crane
鹤形目 鹤科　白顶鹤 锅鹤　　　　　　　　　　　　　VU Ⅰ

颜晓勤 摄

李兆楠 摄

体大的灰白色鹤。嘴浅黄色，头、喉部和颈后纯白，头侧眼周裸皮红色而边缘黑色，耳羽灰色，其余颈部、上体和下体深灰色，翼浅灰色，飞行时可见初级飞羽和次级飞羽黑色，翼下覆羽灰白色，脚粉灰色。未成年鸟头、上颈褐色。

多成小群活动。栖息于水域附近浅滩、沼泽、草地和耕地上。曾于早春在密云水库记录近千只白枕鹤经停。

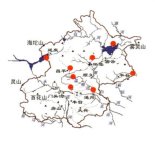

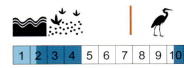

L120cm

灰鹤 *Grus grus* Common Crane
鹤形目 鹤科　　欧亚鹤 普通鹤 呀呤子　　　　　　　　Ⅱ

沈越 摄

ad.(下) imm.(上) 高翔 摄

中等体型的灰色鹤。全身以灰色为主，嘴浅黄色，头顶裸皮鲜红色，眼后、耳羽、颈侧和颈后灰白色，额、枕部、眼先、颊、颏、喉、上前颈黑色，飞行时可见初级和次级飞羽黑褐色，羽端黑色，脚黑色。未成年鸟头、上颈褐色。

常集成五、六只至数十只的小群，栖息于平原沼泽，或在河滩、旷野、农田觅食。北京为灰鹤的重要越冬地，冬季可达上千只之多。

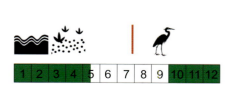

L110cm

白头鹤 *Grus monacha* Hooded Crane
鹤形目 鹤科 锅鹤 玄鹤   VU I

ad.（两侧） imm.（中） 袁晓 摄

体小的鹤。嘴浅黄，眼先和额头黑色，头顶中部具小块红色裸皮，头、颈部白色，其余全身石板灰黑色，飞行时长颈伸直，脚灰黑色。幼年鹤头、颈部黄褐色。
栖息于河口、湖泊及沼泽湿地。迁徙时经过北京，常混于灰鹤或白枕鹤群中，但体型较小，整体颜色也更深。

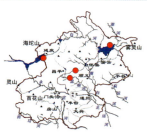

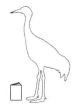

L96cm

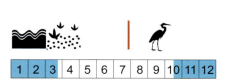

蓑羽鹤 *Grus virgo* Demoiselle Crane

鹤形目 鹤科　闺秀鹤

Ⅱ

体型略小的灰色鹤。嘴黄绿色而短尖,眼睛虹膜猩红色,头顶灰色,眼后一丛白色丝状长羽的耳羽簇,甚是显眼。头、前颈及长的胸羽黑色,上体灰色,飞行时可见飞羽黑色,颈伸直,尾较短,脚长呈灰黑色。栖息于高原、草原、沼泽、半荒漠及寒冷荒漠,迁徙时偶见于北京,单独或混入其他鹤群中活动。

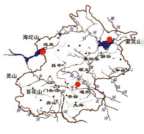

| 1 | 2 | 3 | 4 | 5 | 6 | 7 | 8 | 9 | 10 | 11 | 12 |

L95cm

白鹤 *Leucogeranus leucogeranus* Siberian Crane
鹤形目 鹤科　黑袖鹤 西伯利亚鹤

CR I

赵建英 摄

李炳序 摄

体大、纯白色的鹤。成鸟嘴灰褐色，头部前端的裸皮猩红，虹膜黄色，飞行时可见黑色的初级飞羽，脚红色。未成年鸟周身多沾棕黄色，嘴和脚颜色偏粉。
栖息于大型湖泊、水库的岸边草地、农田。以露出的植物球茎及嫩根为食，迁徙时罕见有单独或成小群个体在北京停歇。

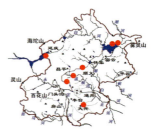

| 1 | 2 | 3 | 4 | 5 | 6 | 7 | 8 | 9 | 10 | 11 | 12 |

L130cm

鸻形目 CHARADRIIFORMES

鹮嘴鹬
腿较短，嘴长且下弯的独特涉禽。

长脚鹬、反嘴鹬
腿、嘴均极为细长的涉禽。

麦鸡、鸻
身体显得圆且结实的小型至中型涉禽，嘴短，善于行走。常集群。

水雉
个体较大、趾甚长的涉禽，雌性颜色更为鲜艳。

彩鹬
似沙锥的涉禽，嘴略下弯，雌性颜色更为鲜艳。

沙锥
矮而圆胖，腿短粗，喙长且直的涉禽。保护色出众，常隐匿不动，使观测者很难发现，一旦惊起则迅速飞走。不同种类极为类似，野外区分难度很大。

鹬和滨鹬
腿、嘴均较长的中小型涉禽，多数种类在水边取食软体动物和蠕虫。滨鹬喜好集群，常不停奔跑，显得颇为忙碌。有些种类的非繁殖羽极为类似。

三趾鹑
形似鹌鹑的小型鸟。脚仅具三趾。

燕鸻
翼长、嘴短、尖且向下弯的一小亚科鸟类。主要在飞行时捕食昆虫，飞行及落地时均似燕。

鸥
嘴粗壮有力，飞行有力，性凶猛。

燕鸥
体型较鸥小，嘴较鸥细长，叉尾，翅长且尖，飞行轻盈。

鹮嘴鹬 *Ibidorhyncha struthersii* Ibisbill

鸻形目 鹮嘴鹬科　水石鸡 溪𬴂偻　　Ⅱ

孙少海 摄

体型较大的灰白色鹬。深红色的嘴细长并向下弯曲，头顶、嘴基、眼先至喉部黑色，边缘白色，与头、颈部灰色相隔，显眼的一条黑色半环带把灰色的上胸与白色的下胸分隔开，黑色半环带上沿白色，上体淡灰褐色，无斑纹，下体白色，飞行时可见翼上的长条白斑，脚粉灰色。未成年鸟嘴淡粉色，黑色斑纹不明显，上体具皮黄色鳞状纹。

栖息于山区溪涧、河流岸旁、河滩多卵石处，繁殖期间成对活动。飞行时顺着河流，靠近水面，边飞边叫。

| 1 | 2 | 3 | 4 | 5 | 6 | 7 | 8 | 9 | 10 | 11 | 12 |

L40cm

黑翅长脚鹬 *Himantopus himantopus* Black-winged Stilt

鸻形目 反嘴鹬科   长腿娘子 黑翅高跷 高跷鹬（台）   三

imm. 王瑞卿 摄

李兆楠 摄

M.（左）F.（右）李兆楠 摄

体形修长高挑的黑白色鹬。嘴细长，雄鸟头顶、颈后、肩羽和两翼黑色，身体其余大部分都为白色，部分个体头部颜色较浅，甚至全为白色。脚红色，跗跖甚长。雌鸟肩羽偏褐色。未成鸟体色以灰褐色为主，上体羽具浅色羽缘。

常成群活动，栖息于浅水河滩水草丰盛处，涉水觅食。吃软体动物、水生昆虫的成虫及幼虫、蠕虫。

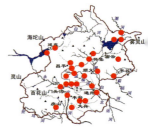

L37cm

反嘴鹬 *Recurvirostra avosetta* Pied Avocet

鸻形目 反嘴鹬科　反嘴鸻 反嘴䴋 翘嘴娘子　　三

（左）imm.（右）李兆楠 摄　　　　　　　　李兆楠 摄

体大的黑白色鹬。黑色的嘴细长，且前端向上弯，头顶至颈后黑色，两翼黑白相间，飞行时可见肩羽、部分翼上覆羽和初级飞羽黑色，全身其余部位白色。脚蓝灰色，具凹蹼足。

多成群栖息活动于河边、沼泽。觅食时将嘴前端伸入水中，头部左右摆动，翻动泥沙取食昆虫、蠕虫和软体动物，也非常善于游泳。

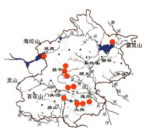

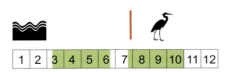

L43cm

凤头麦鸡 *Vanellus vanellus* Northern Lapwing

鸻形目 鸻科　田凫 小辫鸻（台）　　　NT 三

br. 李兆楠 摄

non-br. 宋晔 摄

袁晓 摄

中等体型的深色麦鸡。嘴短细呈黑色，繁殖羽头顶、颏、喉部和前颈中央黑色，具反曲长冠羽，耳羽、脸部和颈侧白色，颈后灰褐色，上体黑褐色，两翼绿色沾蓝及红紫色金属光泽，飞行时两翼短圆，翼下覆羽白色，飞羽黑色而翼尖白色，胸部黑色，下体白色，脚红色。非繁殖羽脸部皮黄色，喉白色。

栖息于开阔草地、水边等处。迁飞时可集结成上百只的大群，以昆虫、软体动物、爬虫为食，亦食杂草种子和植物碎片。

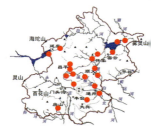

| 1 | 2 | 3 | 4 | 5 | 6 | 7 | 8 | 9 | 10 | 11 | 12 |

L30cm

灰头麦鸡 *Vanellus cinereus* Grey-headed Lapwing

鸻形目 鸻科   跳凫 跳鸻（台）

宋晔 摄

李兆楠 摄

体型较大的灰褐色麦鸡。嘴黄而端部黑色，头、颈、胸部灰色，眼前嘴基部可见有小的黄色肉垂，上体灰褐色，灰色胸部与白色腹部交界处具一黑色胸带，飞行时翼下白色，初级飞羽黑色，脚黄色，跗跖较长，飞行时伸出尾后。幼鸟似成鸟，但褐色较浓，无黑色胸带。

栖息于沼泽、湿地、草原、农田等水域附近，以昆虫、草籽等为食。

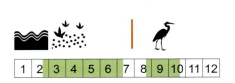

L35cm

金鸻（金斑鸻） *Pluvialis fulva* Pacific Golden Plover
鸻形目 鸻科　金背子 墨襟鸻 麻鹬　　　　三

br. 沈越 摄

non-br. 李炳序 摄

大型鸻。成鸟繁殖羽头顶密布金黄色斑点，体侧具一条明显的白带，自前额经眉沿颈侧而下，与胸侧较大块白斑相连，一直延伸至胁部，上体密布金黄色与白色小块斑，下体黑色，脚黑灰色。非繁殖羽和幼鸟色浅沾黄。

栖息于河流附近稻田、耕地、草地上，善在地面奔走。取食蠕虫、蜗牛、昆虫等，也吃少量草籽和嫩芽。飞行快速，喜结群，常与其他涉禽混群活动。

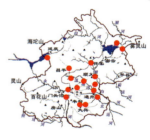

| 1 | 2 | 3 | 4 | 5 | 6 | 7 | 8 | 9 | 10 | 11 | 12 |

L25cm

灰鸻(灰斑鸻) *Pluvialis squatarola* Grey Plover

鸻形目 鸻科　黑肚鸻

大型的黑灰色鸻，体态似金鸻。繁殖羽头顶和颈后白色，并向下延伸至胸侧，不至胁部，可与金鸻区别，头顶略沾黑色斑点，颊至胸部及两胁黑色，上体银灰色密布黑色和灰褐色块斑，下腹部及尾下覆羽白色，飞行时可见特别的黑色腋羽，腰部偏白，脚灰黑色。非繁殖期成鸟和幼鸟上体灰褐色并具斑点，胸部具灰褐色纵纹，下体偏白。

在冬季和迁徙期主要栖息于沿海海滨、沙洲、河口、江河和湖泊沿岸，常成小群活动。

| 1 | 2 | 3 | 4 | 5 | 6 | 7 | 8 | 9 | 10 | 11 | 12 |

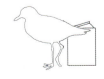

L28cm

长嘴剑鸻 *Charadrius placidus* Long-billed Plover

鸻形目 鸻科　长嘴鸻

中型而壮实的灰褐色鸻。嘴较长呈黑色，额白，头前顶黑色，眼先灰黑色，眼圈略黄，具明显的近白色的眉纹。颏、喉和颈部白色，具完整的黑色胸带和不完整的褐色胸带，上体灰褐色，下体白色，脚黄色或肉粉红色。幼鸟眼圈及额部黑色不明显。
多单独或成对栖息于河边及溪流的多砾石地带。

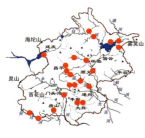

| 1 | 2 | 3 | 4 | 5 | 6 | 7 | 8 | 9 | 10 | 11 | 12 |

L22cm

金眶鸻 *Charadrius dubius* Little Ringed Plover
鸻形目 鸻科　黑领鸻

三京

imm. 李兆楠 摄

ad. 李兆楠 摄

小型的灰褐色鸻。成鸟繁殖羽嘴短，黑色，头前顶黑色，具明显的金黄色眼圈，眼先黑色，雄鸟耳羽黑色，雌鸟褐色，眉纹、额、颏、喉和颈部白色，胸部有完整宽阔的黑色胸带，上体灰褐色，下体白色，飞行时可见翼上无明显白色条纹，脚黄色或肉粉色。非繁殖羽的眼圈暗淡，未成年鸟全身灰褐色，头顶缺少黑色。
栖息于河滩、水库或水稻田边，多集群活动。

| 1 | 2 | 3 | 4 | 5 | 6 | 7 | 8 | 9 | 10 | 11 | 12 |

L16cm

环颈鸻 *Charadrius alexandrinus* Kentish Plover

鸻形目 鸻科 白领鸻 白颈鸻 东方环颈鸻

三

br. 沈越 摄

non-br. 焦庆利 摄

小型的灰褐色鸻。雄鸟繁殖羽嘴短，黑色，头侧白色，过眼纹黑色，头顶前部具黑斑，顶及枕部棕色，眉纹、颏、喉部白色，并具白色领环，胸带黑色，不完整，上体灰褐色，下体纯白，飞行时可见翼上白色条纹，脚灰色。雌鸟似雄鸟，但头顶褐色，整体较为暗淡。

多成群栖息于沿海滩涂、河岸沙滩、沼泽草地上。

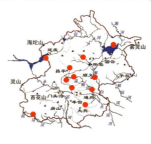

L15cm

蒙古沙鸻 *Charadrius mongolus* Lesser Sand Plover

鸻形目 鸻科　蒙古鸻 小沙鸻　　　　　　　　　　EN 三

br. 沈越 摄

中型的灰褐色鸻。成鸟繁殖羽嘴短，黑色，额白色，头前具黑线，与眼先、眼周和耳羽的黑色连为一体，颈、喉部和前颈白色，胸部及后颈棕红色，较宽，上体灰褐色，下体余部白色，飞行时可见白色的翼上条纹，跗跖较长。非繁殖羽和未成年鸟全身以灰褐色为主，眉纹白，胸带灰褐色，中间断开。较铁嘴沙鸻体型略小，胸带更宽。成小群或大群栖息于沿海泥滩及沙滩，也进入淡水，并与其他涉禽混群。

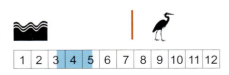

| 1 | 2 | 3 | 4 | 5 | 6 | 7 | 8 | 9 | 10 | 11 | 12 |

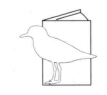

L20cm

铁嘴沙鸻 *Charadrius leschenaultii* Greater Sand Plover

鸻形目 鸻科 铁嘴鸻 大沙鸻

三

br.（左）non-br.（右） 李兆楠 摄

中型的灰褐色鸻。雄鸟繁殖羽似蒙古沙鸻，但嘴较蒙古沙鸻更长，胸带较窄，跗跖较短，飞行时可见脚尖仅及尾端。繁殖羽雌鸟头部少黑色，胸部的棕红色也较淡，胸带有时从中间断开，非繁殖羽个体眉纹近白色或皮黄色，头、颈后及上体灰褐色，胸带狭窄或断开，也为灰褐色。

栖息于沿海泥滩及沙滩。与其他涉禽尤其是蒙古沙鸻混群，但体型较蒙古沙鸻更大，胸带更窄。

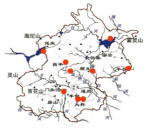

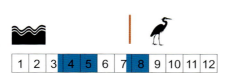

L23cm

东方鸻 *Charadrius veredus* Oriental Plover

鸻形目 鸻科　红胸鸻 红胸沙鸻

三

br. M. 颜晓勤 摄

non-br. 宋晔 摄

色彩鲜艳的中型鸻。雄鸟繁殖羽嘴黑色，额白色，头顶淡灰褐色，头、颈余部皮黄色，年长的雄鸟头、颈部更白，颏、喉部近白色，上体灰褐色，胸部橙红色，下缘黑色，下体余部白色，飞行时可见翼上无白色条纹，尾黑褐色，脚淡黄色至偏粉色。雌鸟和幼鸟似非繁殖羽雄鸟，全身以灰褐色为主，胸带宽而显黄褐色。

常成群出现，栖息于近水的多草地区及农田中。

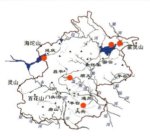

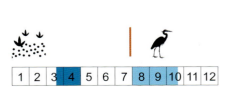

| 1 | 2 | 3 | 4 | 5 | 6 | 7 | 8 | 9 | 10 | 11 | 12 |

L24cm

115

水雉 *Hydrophasianus chirurgus* Pheasant-tailed Jacana

鸻形目 水雉科　长尾水雉 啾咕　　　　　　　　　　　　Ⅱ

李万成 摄

徐永春 摄

体型略大而尾甚长。成鸟繁殖羽嘴灰蓝色，头部、前颈白色，后颈金黄色，交界处黑色，上体褐色，翼白色，下体及尾黑色，中央四枚尾羽特别延长，脚灰绿色，趾甚长。主要分布于长江以南地区，北京见于芡实等浮水植物较多的河流、湖泊。在叶片上行走觅食，间或短距离跃飞到新的取食点。雄鸟负责孵卵育雏。

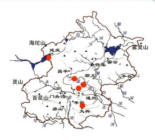

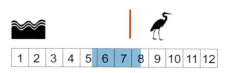

L45cm

彩鹬 *Rostratula benghalensis* Greater Painted Snipe

鸻形目 彩鹬科　水画眉

F. 徐永春 摄

M. 李兆楠 摄

中型略小、色彩花哨艳丽的鹬。雌鸟嘴橘黄色，头、枕部黑褐色，顶冠纹黄褐色，眼周及后眼纹白色，头、胸余部栗红色，胸部具黑色胸带，下方有白色条带，延伸至肩部，背部褐色，具两条黄色纵纹，下体近白色，脚黄绿色。雄鸟嘴灰黑色，体型较雌鸟小，颜色暗淡，眼纹皮黄色，背部多具皮黄色杂斑。

彩鹬为一雌多雄制，雌性更为鲜艳。主要栖息于沼泽型草地及稻田。行走时尾上下摇动，飞行时双腿下悬如秧鸡。

| 1 | 2 | 3 | 4 | 5 | 6 | 7 | 8 | 9 | 10 | 11 | 12 |

L25cm

丘鹬 *Scolopax rusticola* Eurasian Woodcock

鸻形目 鹬科　　山鹬

沈越 摄

体型较大而浑圆的灰褐色鹬。嘴长而直，呈黄褐色，端部略黑，额部灰色，头顶和枕部黄褐色，均匀分布四块黑色横斑，可与其他沙锥相区别，过眼纹黑色。上体灰褐色沾红色，遍布黑褐色和皮黄色横斑及斑块，腹部具黑褐色细横纹，脚粉灰色。栖息于丘陵或山区潮湿的混交林和阔叶林中，亦见于城市平原地区树林、灌丛中。保护色强，不易发现，惊飞时鲁莽笨拙，易受伤。多夜间活动。吃昆虫幼虫、蚯蚓和软体动物等，也吃植物细根和浆果。

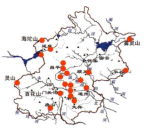

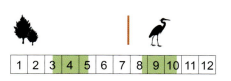

L35cm

孤沙锥 *Gallinago solitaria* Solitary Snipe
鸻形目 鹬科　　青鹬 大沙锥

较其他沙锥更显灰白。嘴直而长，灰绿色或角质色，前部略发灰，头、颈和胸部灰色，具褐色斑纹，头顶黑褐色，具一灰白色顶冠纹，过眼纹和颊纹黑褐色，上体偏棕色，缀以黑色横纹及灰白色斑点，并具几条白色纵纹，和其他沙锥相比，缺少黄褐色，而以棕色缀有白色为主，腹部和尾下覆羽灰色，并密布深浅黑褐色横纹，脚黄色或黄绿色，飞行时趾不伸出尾后。
性孤僻，喜单独活动，主要栖息于近山区多石头的湍急河流。

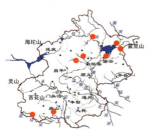

| 1 | 2 | 3 | 4 | 5 | 6 | 7 | 8 | 9 | 10 | 11 | 12 |

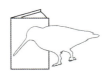

L29cm

针尾沙锥 *Gallinago stenura* Pintailed Snipe
大沙锥 *Gallinago megala* Swinhoe's Snipe

鸻形目 鹬科　针尾鹬 针尾水札; 北鹬 大水札 中地鹬 斯氏沙锥

三三

针尾沙锥 娄方舟 摄

大沙锥 娄方舟 摄

针尾沙锥与大沙锥通常在野外不易区分。二者嘴较扇尾沙锥更为短粗，长度约为头长的1.5倍。翼后缘亦无白色。针尾沙锥外侧尾羽极细，呈针状；大沙锥尾羽从中央到外侧宽度逐渐变窄，此为二者指标性特征。针尾沙锥通常上体花纹较大沙锥少。并有较高比例的肩羽外翈羽缘较窄，且外羽缘白色，内羽缘浅黄色，但会随羽毛磨损和年龄发生变化。飞行时其脚趾伸出尾羽末端亦较大沙锥更多。

针尾沙锥的栖息生境较大沙锥、扇尾沙锥更为干燥，也光顾灌丛林地。惊飞时飞行高度较低，升降急且快。大沙锥习性似扇尾沙锥，受惊时多短距离直线飞行，较缓慢。

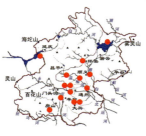

| 1 | 2 | 3 | 4 | 5 | 6 | 7 | 8 | 9 | 10 | 11 | 12 |

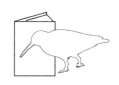

L26cm/29cm

扇尾沙锥 *Gallinago gallinago* Common Snipe

鸻形目 鹬科　　沙锥 田鹬 扇尾鹬 水挣　　三

沈越 摄

焦庆利 摄

中等体型的褐色沙锥。直而细长的嘴灰褐色，端部黑色，嘴长可为头长的两倍，顶冠纹及眉纹皮黄色，颈、胸部黄褐色，密布黑褐色细纵纹，上体杂有黑色斑纹，肩羽具明显的皮黄色带斑，腹部灰白色，飞行展翅时可见翼下覆羽白色宽横纹以及白色翼后缘，尾羽打开可见等宽的14枚尾羽，趾略伸出尾端，脚黄绿色。

多单独或集小群活动于水域附近沼泽草地、较其他沙锥更偏好潮湿地带。

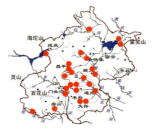

| 1 | 2 | 3 | 4 | 5 | 6 | 7 | 8 | 9 | 10 | 11 | 12 |

L27cm

半蹼鹬 *Limnodromus semipalmatus* Asian Dowitcher
鸻形目 鹬科　半蹼足鹬　　　　　　　　　　　　　　　NT Ⅱ

non-br. 任立鹏 摄

br. 赵云天 摄

体型中等偏大，嘴黑色，直长，前端稍膨大，成鸟繁殖羽头、颈部红褐色，到胸腹部逐渐变淡，眼先黑色，上体灰褐色，具浅色羽缘，下体色浅，两胁和尾下覆羽具黑色横纹，飞行时可见下背、腰及尾白色并具黑色横纹，脚黑色，趾伸出尾端。非繁殖羽全身以灰褐色为主，头、颈部灰色具深色细纵纹，胸部褐色。

栖息于沿海滩涂。进食习性特别，径直朝前行走，每走一步便把嘴插入泥土觅食，动作机械。

L35cm

| 1 | 2 | 3 | 4 | 5 | 6 | 7 | 8 | 9 | 10 | 11 | 12 |

黑尾塍鹬 *Limosa limosa* Black-tailed Godwit

鸻形目 鹬科　黑尾鹬 塍鹬　　　　　　　　　NT 三

br. 沈越 摄

换羽中（左）non-br.（右）顾嘉迅 摄

大型鹬。成鸟繁殖羽嘴长而直，黄色且端部黑色。眉纹近白，头、颈和胸部橘黄色，颏部颜色略浅，上体灰褐色缀黑色斑，腹部白色，两胁具黑色横纹。飞行时可见翼上具明显的白色横斑，趾完全伸出尾端。尾部黑白色对比，脚黑灰色，跗跖长。非繁殖羽嘴后段粉色，头、颈和胸部灰褐色。北京多见于滩涂及河流水库岸边，或与其他鹬类混群。

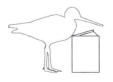

L42cm

小杓鹬 *Numenius minutus* Little Curlew

鸻形目 鹬科　　极北杓鹬 爱斯基摩杓鹬　　　　　　　　　　Ⅱ

高原 摄

中型的黄褐色鹬。嘴稍长于头长，略下弯，前段灰黑色，后段粉红色，头顶黑褐色具的皮黄色顶冠纹，眉纹皮黄色，黄褐色的颈胸部密布黑褐色细纵纹，上体黑褐色，具皮黄色羽缘。腰至背部无白色。下体色浅，两胁略具黑褐色横斑，飞行时可见灰褐色腰及尾上具黑褐色横纹，脚粉灰色。
小杓鹬在北京通常栖息于远郊区开阔水体附近草地，少至泥滩。

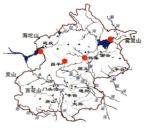

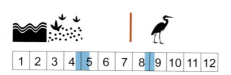

L30cm

中杓鹬 *Numenius phaeopus* Whimbrel

鸻形目 鹬科　杓嘴鹬 杓鹬

姜方舟 摄

贺建华 摄

大型鹬。整体灰褐色。嘴约等于两头长，下弯，整体黑色而下嘴后段粉色，头顶黑褐色具白色的细顶冠纹，眉纹白色。头、颈和胸部满布黑褐色细纵纹；上体黑褐色具白色斑，下体近白色，飞行时可见腰白色，尾羽上均匀分布黑褐色横纹，翼下大部为白色，脚蓝灰色。

通常集群栖息于河口、沿海泥滩和草地、多岩石海滩。北京多单独见于郊区开阔水面岸边。

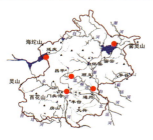

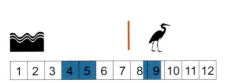

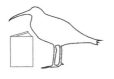

L43cm

白腰杓鹬 *Numenius arquata* Eurasian Curlew

鸻形目 鹬科 麻鹬 大杓鹬

NT Ⅱ

李兆楠 摄

体型甚大的鹬，整体灰褐色。嘴甚长，下弯，整体黑色而下嘴后段粉色，头、颈和胸部满布黑褐色细纵纹，上体羽灰褐色，并具黑褐色羽轴纹，下体和两胁白色，具黑褐色纵纹。飞行时可见翼下覆羽、腰、尾下覆羽纯白，有别于大杓鹬。脚蓝灰色。
通常栖息于河口及沿海滩涂。北京见于郊区开阔水域的凸石、滩涂。集小群活动，有时与其他种类混群。

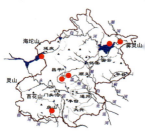

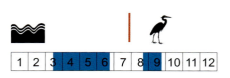

L60cm

大杓鹬 *Numenius madagascariensis* Far Eastern Curlew

鸻形目 鹬科　红腰杓鹬 红背大杓鹬　　　　　　　　EN Ⅱ

 任立鹏 摄

 李毅 摄

体型甚大的鹬，整体皮黄褐色。嘴极长而下弯，整体黑色而下嘴后段粉色，头、颈和胸部满布黑褐色细纵纹，上体黑褐色并具浅色羽缘，下体皮黄色，两胁及上腹具黑褐色斑纹，飞行时可见腰及尾上覆羽黄褐色；翼下灰白色并密布黑褐色斑纹，均有别于白腰杓鹬，脚灰色。

通常栖息于河口及沿海滩涂，常在近海处。多见单独活动，有时结小群或与其他种类混群。

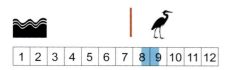

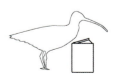

L61cm

红脚鹬 *Tringa totanus* Common Redshank

鸻形目 鹬科　赤足鹬

任立鹏 摄

贺建华 摄

中型鹬。嘴较鹤鹬显短粗，黑色，基部红色。繁殖羽上体褐色，眼先及眼圈白色，下体灰白色并满布黑色纵纹，飞行时可见次级飞羽、背和腰部白色。脚橘红色。非繁殖羽颜色较淡，下体纵纹较少，未成年鸟脚橙黄色。

栖息于泥滩、河岸边及沼泽地。以螺等软体动物、昆虫等为食。

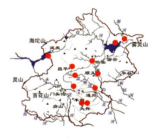

L28cm

鹤鹬
Tringa erythropus Spotted Redshank

鸻形目 鹬科 红脚鹤鹬

br. 贺建华 摄

imm. 贺建华 摄

non-br. 徐永春 摄

中型鹬。成鸟非繁殖羽似红脚鹬，但嘴更细长，嘴尖稍下弯；呈黑色，仅下嘴基红色。头侧、前颈颜色较浅，飞行时可见上腰背部白色，尾部密布黑白相间横纹，趾完全伸出尾端。脚红色。繁殖羽全身几乎纯黑色，仅眼圈白色，上体沾白色斑点。脚黑色。栖息于鱼塘、沼泽及泥滩等淡水浅水处，能在水里游泳。

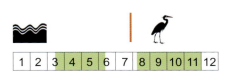

L30cm

泽鹬 *Tringa stagnatilis* Marsh Sandpiper

鸻形目 鹬科　泥泽鹬 小青足鹬

三

br. 吴秀山 摄

体态纤细瘦弱的灰白色小型鹬。嘴呈黑色，较其他鹬更显细。眉纹近白色，繁殖羽颈侧、胸、胁部和背部具黑色锚状纹。下体白色。飞行时可见下背、腰及尾上覆羽白色，白色的尾部均匀分布黑色横纹，脚黄绿色。非繁殖羽颜色体色浅灰素雅，无深色斑纹。

栖息于湖泊、沼泽地、池塘并偶尔至沿海滩涂。通常单只或两三成群，但冬季可结成大群。

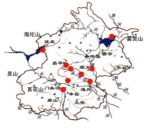

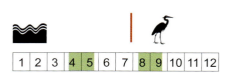

L23cm

青脚鹬 *Tringa nebularia* Common Greenshank

鸻形目 鹬科　青足鹬

焦庆利 摄

中型偏大的灰色鹬。嘴较粗且略向上翘。繁殖羽头、颈、胸部密布黑褐色细纵纹，上体灰褐色，具浅色羽缘。下体白色，飞行时明显可见下背、腰和尾上覆羽白色，飞羽端部近黑色，尾部横斑灰褐色，白色翼下具深色细纹。脚黄绿色。非繁殖羽头侧、前颈及胸部纵纹较少。

栖息于沼泽地带及泥滩，通常单独或两三成群。受惊时向远方飞行一段距离落下继续觅食，飞行时发出口哨般的独特鸣声。

| 1 | 2 | 3 | 4 | 5 | 6 | 7 | 8 | 9 | 10 | 11 | 12 |

L32cm

131

林鹬 *Tringa glareola* Wood Sandpiper

鸻形目 鹬科　鹰斑鹬 啄啄立 林㤐

三

br. 李兆楠 摄

小型鹬。嘴较短且直，前端黑色，后端黄绿色，具白色眉纹，过眼纹黑褐色，头、颈和胸部灰色，具深色细纵纹，上体黑褐色，密布白色斑纹，下体白色。飞行时明显可见腰、尾上覆羽白色，尾羽白色并均匀分布有黑褐色横斑，翼上深色，无横纹，翼下白色，具细的深色纹，脚黄绿色。
常单只或集大群栖息于较宽阔水域附近的沼泽草地、河滩。取食水生昆虫、小型无脊椎动物及少量植物种子。

| 1 | 2 | 3 | 4 | 5 | 6 | 7 | 8 | 9 | 10 | 11 | 12 |

L20cm

白腰草鹬 *Tringa ochropus* Green Sandpiper

鸻形目 鹬科　草鹬 白尾梢 绿鸰

br. 徐永春 摄

non-br. 李兆楠 摄

小型显敦实的鹬。繁殖羽嘴前段黑色，后段灰绿色，白色眉纹止于眼上，眼先黑色，眼圈白色。上体余部及胸部灰褐色，并具白色斑点，下体纯白色，飞行时明显可见腰褐尾上覆羽白色，尾上具黑褐色横斑。脚橄榄绿色。非繁殖羽偏褐色，背部斑点不明显。
单独或成小群栖息于各类湿地滩涂，尾部经常上下摆动。

| 1 | 2 | 3 | 4 | 5 | 6 | 7 | 8 | 9 | 10 | 11 | 12 |

L23cm

灰尾漂鹬 *Tringa brevipes* Grey-tailed Tattler

鸻形目 鹬科　灰尾鹬 灰鹬 黄足鹬（台）　　NT 三

中等体型、身材紧凑的鹬，繁殖羽嘴黑色，平直，基部黄色，头顶灰褐色，眉纹白色，过眼纹黑色，颏、喉近白，头侧和颈具深色的细纵纹，上体羽灰褐色，胸部和两胁浅灰色，分布有黑褐色横纹，下体白色，飞行时可见翼下色深，翼上角及初级飞羽黑色，腰和尾灰色，脚黄绿色，跗跖短。非繁殖羽全身灰褐色为主，少斑纹。
通常栖息于沿海沙滩、泥滩、珊瑚礁海岸。北京多见其单独活动，一般不与其他涉禽混群。曾于官厅水库岸边见50余只大群。

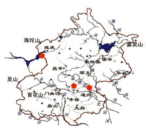

| 1 | 2 | 3 | 4 | 5 | 6 | 7 | 8 | 9 | 10 | 11 | 12 |

L25cm

翘嘴鹬 *Xenus cinereus* Terek Sandpiper

鸻形目 鹬科　　反嘴鹬（台）

李兆楠 摄

体型小、低矮的灰色鹬。嘴较粗长而上翘，黑灰色，基部橘黄色。眉纹白色，过眼纹黑褐色。上体灰褐色，具黑色块斑。下体白色，侧颈和胸部具细纵纹。飞行时可见次级飞羽后缘白色。脚橘黄色，跗跖短。通常集小群栖息于沿海泥滩、小河及河口滩涂，北京所见多为单只出没。

| 1 | 2 | 3 | 4 | 5 | 6 | 7 | 8 | 9 | 10 | 11 | 12 |

L23cm

红颈瓣蹼鹬 *Phalaropus lobatus* Red-necked Phalarope

鸻形目 鹬科　红领瓣足鹬 红领鹬　　　　　三

娄方舟 摄

体型偏小而纤细。嘴较灰瓣蹼鹬稍长且细，呈黑色。成鸟非繁殖羽头枕部，以及宽阔的眼纹均为灰黑色，上背至尾羽深灰色，其余部分近白色。飞行时白色翼纹明显。脚深灰色。繁殖羽头部黑灰色，自眼后至颈部为栗红色，喉部为白色。上体羽黑色，肩和翼各具有一道黄色斑。胸侧灰色，下体偏白。迁徙过境多呈现过渡状态。不甚惧人，善游泳，常在静水水面转圈取食。北京所见多为单只的非繁殖羽或过渡状态。

| 1 | 2 | 3 | 4 | 5 | 6 | 7 | 8 | 9 | 10 | 11 | 12 |

L18cm

矶鹬 *Actitis hypoleucos* Common Sandpiper

鸻形目 鹬科　普通鹬

小型鹬。嘴短而直呈黑灰色。头、颈主要为灰褐色，有时具深色细纵纹，眉纹浅色，过眼纹黑色，颏、喉近白色，胸侧具灰褐色斑块；上体橄榄褐色略具金属光泽，肩角处显著白色，有时似月牙状。下体白色，飞行时翼上可见白色横纹。停落时尾长于翼。脚黄绿色，跗跖短。

栖息生境多样，从沿海滩涂和沙洲至稍高海拔的山地、稻田及溪流、河流两岸。行走时头部和尾部不停地上下摆动。

L20cm

翻石鹬 *Arenaria interpres* Ruddy Turnstone

鸻形目 鹬科 翻石 猿滨鹬 鸫鸻（台） Ⅱ

br. 徐永春 摄

non-br. 娄万舟 摄

体型小而敦实的花色鹬。嘴短，黑色，成鸟繁殖羽头、颈白色，头顶具纵纹，过眼纹、颈环、胸部均为黑色，上体棕红色杂以黑色斑块，下体白色，飞行时翼上大覆羽外缘、肩羽和腰均为白色，尾白色，次端斑黑色，脚橘黄色，跗跖短。非繁殖羽颏、喉白色，以灰褐色取代繁殖羽的棕红色。结小群栖息于沿海泥滩、沙滩及海岸岩石，有时在内陆或近海开阔处进食。通常不与其他种类混群，奔走迅速。

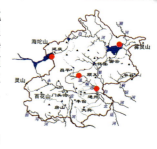

| 1 | 2 | 3 | 4 | 5 | 6 | 7 | 8 | 9 | 10 | 11 | 12 |

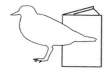

L23cm

三趾滨鹬（三趾鹬） *Calidris alba* Sanderling

鸻形目 鹬科　　沙鹬

娄方舟 摄

灰白色的中型滨鹬。短直的嘴黑色，成鸟非繁殖羽成鸟全身显白，头顶和颈后分布深色细纵纹，上体浅灰褐色，肩部黑色明显，飞行时翼上具白色宽纹，脚黑色，无后趾。繁殖羽上体及胸部红褐色，头、颈及胸部的纵纹和斑点较多。

喜海滨沙滩，较少至淡水沼泽和泥滩。通常随落潮在水边奔跑，同时拣食海潮冲刷出来的小食物。有时独行，但多喜群居。北京仅零星见于郊区开阔水域滩涂。

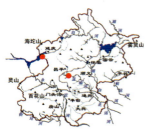

| 1 | 2 | 3 | 4 | 5 | 6 | 7 | 8 | 9 | 10 | 11 | 12 |

L20cm

139

红颈滨鹬 *Calidris ruficollis* Red-necked Stint

鸻形目 鹬科 红胸滨鹬

NT 三

br. 任立鹏 摄

juv. 李兆楠 摄

小型滨鹬。嘴黑色，成鸟繁殖羽头侧、喉、颈及上胸部棕红色，头顶、颈后及胸侧黄褐色，满布黑褐色细纵纹及斑点，上体具黑褐色羽干及白色和部分红褐色羽缘，下体白色，飞行时中央尾羽黑色，两侧白色，脚黑色。非繁殖羽上体灰褐色，具浅色羽缘，下体白色。

通常栖息于沿海滩涂，结大群活动。性活跃，敏捷行走或奔跑。北京见于郊区开阔水域滩涂。

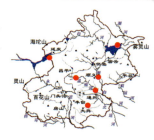

| 1 | 2 | 3 | 4 | 5 | 6 | 7 | 8 | 9 | 0 | 11 | 12 |

L14cm

小滨鹬 *Calidris minuta* Little Stint
鸻形目 鹬科

友余 摄

小型滨鹬，野外易与红颈滨鹬混淆。与红颈滨鹬相比，小滨鹬嘴稍长而尖，跗跖也稍长，成鸟繁殖羽眼后可见浅色眉纹，耳羽棕红色。喉白色，背部具近白色"V"字形带斑，翼覆羽与肩羽颜色相近，胸部红色不如红颈滨鹬浓郁，非繁殖羽头顶、颈后灰色，头侧、前颈及胸白色，上体羽灰褐色，具黑褐色羽轴和浅色羽缘。
栖息于淡水水域的沼泽地带及泥滩，或与其他小型涉禽混群。进食时嘴快速啄食或翻拣。

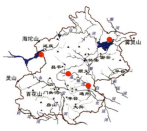

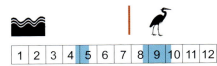

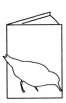

L14cm

141

青脚滨鹬 *Calidris temminckii* Temminck's Stint

鸻形目 鹬科 乌脚滨鹬 丹氏滨鹬 乌腿小䳭

李兆楠 摄

灰色的小型滨鹬。成鸟繁殖羽嘴黑色，略下弯，头、颈、上体及胸部灰色，背部、胸侧具黑褐色细纵纹，停歇时尾尖伸出翼尖，下体白色，飞行时翼上有明显的白色横斑，外侧尾羽纯白，落地时极易见，脚黄绿色。非繁殖羽颜色较为灰暗。
更多在淡水水域滩涂附近活动，多结小群。

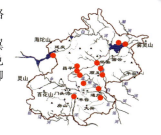

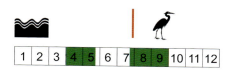

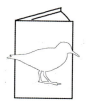

L14cm

长趾滨鹬 *Calidris subminuta* Long-toed Stint

鸻形目 鹬科　长趾鹬 云雀鹬

红褐色的小型滨鹬。嘴黑色，成鸟繁殖羽头顶橘黄色，具明显的黑褐色纵纹，眉纹白色，喉、脸颊、颈部及上胸侧灰褐，具深色细纵纹，上体具黑色羽干及黄褐色和白色羽缘，下体污白色。脚黄绿色，趾和跗跖较长，站姿比其他滨鹬显挺拔。非繁殖羽多灰褐色。

喜沿海滩涂、小池塘、稻田及其他的泥泞地带。在北京多为单独或结群活动，常与其他涉禽混群。

L15cm

尖尾滨鹬 *Calidris acuminata* Sharp-tailed Sandpiper

鸻形目 鹬科　尖尾鹬

VU 三

non-br. 任立鹏 摄

br. 沈越 摄

壮实的中小型滨鹬。嘴黑色，下嘴基部暗黄色，繁殖羽整体泛淡橘黄色，头顶橘色显著，具深的细纵纹。眉纹近白色，有模糊的深色过眼纹，颏、喉白色，具黑褐色细纵纹及斑块，上体具黑褐色羽干纹及黄褐色和白色羽缘，下体白色，两胁分布有">"形黑色斑纹，脚黄绿色。非繁殖羽以灰褐色为主，头顶色深，下体无">"形纹。

通常栖于沿海滩涂、沼泽、湖泊。北京多为单独或结群活动，常与其他涉禽混群。

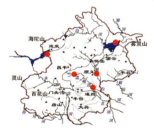

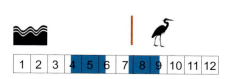

L19cm

弯嘴滨鹬 *Calidris ferruginea* Curlew Sandpiper

鸻形目 鹬科 滨鹬

NT 三

br. 沈越 摄

non-br. 李兆楠 摄

中型滨鹬。成鸟繁殖羽嘴黑色，长而下弯，具白色眼圈，头、颈部及下体栗红色，密布白色细纹，颏近白色，上体背及肩羽具黑褐色羽干及黄褐色和白色羽缘。脚黑色。非繁殖羽上体灰褐色，具白色眉纹。颈及胸部满布深色细纵纹及斑点，下体白色，飞行时可见白色翼纹。
北京多为单只栖于开阔水域的浅水区域、沼泽泥潭等。常与其他滨鹬及鹬类混群。

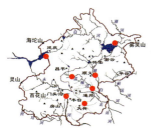

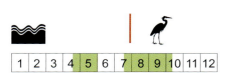

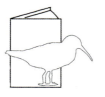

L21cm

流苏鹬 *Calidris pugnax* Ruff
鸻形目 鹬科　粗颈鸟 皱领　　　　　　　　　　三

头部显小体型高挑的中型鹬。非繁殖羽雄鸟嘴黑色，嘴基衔接处羽毛白色。头及颈皮黄色，上体羽黑色，具灰白色羽缘，下体白色，脚黄绿色。雌鸟似雄鸟而明显小。雄鸟繁殖羽色型多变，分为卫星型、独立型、拟雌型。而北京的流苏鹬雄性记录多为拟雌型，整体似非繁殖羽雌鸟，而更为鲜艳。眼圈白色，嘴基红色，上体羽黑色更为显著。脚橘红色。

北京见于大型水库、河流的浅滩、沼泽地带。通常单只或与其他鹬类混群活动。

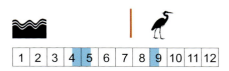

L ♂ 28cm
　♀ 23cm

黑腹滨鹬 *Calidris alpina* Dunlin

鸻形目 鹬科 滨鹬

三

br. 万绍平 摄

non-br. 李兆楠 摄

中型滨鹬。嘴黑色稍长，端部略有下弯。成鸟繁殖羽眉纹白色，头顶、眼先、耳羽沾黄褐色，并具细密的黑色纵纹，上体背及肩羽红褐色，具黑色羽干，翼灰褐色，具淡色羽缘。腹部大面积黑色，其余下体白色，腰、尾部中央黑色，两侧白色，脚深灰色。非繁殖羽全身以灰褐色为主，胸、腹部白色，无黑色斑。迁徙过境是多呈现过渡状态，胸、腹部黑色不完整。
北京多为单只或小群栖于大型开阔水域的浅水区域、沼泽泥潭等。常与其他滨鹬及鹬类混群。

| 1 | 2 | 3 | 4 | 5 | 6 | 7 | 8 | 9 | 10 | 11 | 12 |

L20cm

阔嘴鹬 *Calidris falcinellus* Broad-billed Sandpiper
鸻形目 鹬科　宽嘴鹬　　　　　　　　　　Ⅱ

non-br. 李兆楠 摄

小型鹬。嘴黑色较长而端下弯，嘴基甚厚。头顶为典型的"瓜皮纹"，亦有"双眉纹"之说。成鸟繁殖羽灰色颈部和皮黄色胸侧具深色的细纵纹和斑纹；上体羽具黑褐色羽干及红褐色和白色的羽缘，下体白色，腰和尾部中央黑色而两侧白色，脚黄绿色。非繁殖羽上体羽色灰白，脚黄褐色。
北京零星见于郊区开阔水域的滩涂、沼泽等，翻找食物时嘴垂直向下。

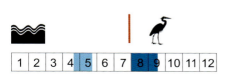

L17cm

红腹滨鹬 *Calidris canutus* Red Knot

鸻形目 鹬科　漂鹬 小姥鹬

NT 三

non-br. 任立鹏 摄

br. 任立鹏 摄

中型滨鹬。嘴短直呈黑色。成鸟繁殖羽头、颈、胸及腹部棕红色，头顶、后颈具黑褐色细纵纹，上体具黑褐色羽干及浅色羽缘，肩羽缀以黄褐色斑。脚黄绿色。非繁殖羽全身以淡灰褐色为主，头、颈、胸多细纵纹及斑点。

通常群居，常结大群活动于沿海滩涂及河口。北京仅零星见于郊区开阔水域滩涂。

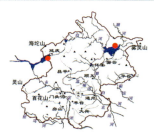

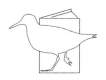

L24cm

| 1 | 2 | 3 | 4 | 5 | 6 | 7 | 8 | 9 | 10 | 11 | 12 |

黄脚三趾鹑 *Turnix tanki* Yellow-legged Buttonquail

鸻形目 三趾鹑科　水鹌鹑 黄地闷子 三爪爬 地牤牛　　三

白勇 摄

黄褐色较大的三趾鹑。虹膜乳白色。雌鸟体色较鲜艳，嘴黄色，后颈栗红色，前颈黄褐色，背、腰及肩羽栗红色杂以黑色及皮黄色斑块和条纹，颈侧、胸侧及翼上皮黄色并缀以黑色斑点。喉、胸部棕黄色，其余下体皮黄色。飞行时可见飞羽黑褐色，脚黄色，无后趾。雄鸟上嘴峰黑色，体色稍暗淡，以灰褐色为主。颈、背部栗色不显著。

常单独活动，性极隐匿，难以发现。栖息于茂密的草丛、灌丛、耕地等。鸣声独特，似牛叫。

L17cm

普通燕鸻 *Glareola maldivarum* Oriental Pratincole

鸻形目 燕鸻科　燕鸻 东方燕鸻 土燕子

imm. 顾嘉迅 摄

ad. 李兆楠 摄

ad. 李兆楠 摄

眼黑褐色，黑色短宽的嘴基部红色，脚深褐色。皮黄色的喉部自眼下至喉部四周围成一黑环。上体灰褐色，具橄榄色光泽，停歇时翅长于尾。飞行时，白色的腰部明显，翼下覆羽及腋下为棕栗色。非繁殖羽嘴基无红色，喉部黑环不明显。未成年个体羽色大致似成鸟，但具明显淡色羽缘。栖于开阔地、沼泽地及稻田。喜群居。主要取食昆虫，尤嗜蝗虫，在飞行时用嘴兜捕，或者在地面上啄取。

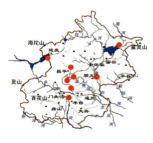

1	2	3	4	5	6	7	8	9	10	11	12

L26cm

红嘴鸥 *Chroicocephalus ridibundus* Black-headed Gull

鸻形目 鸥科   黑头鸥 笑鸥 钓鱼郎

br. 李兆楠 摄

sum. to win. 焦庆利 摄

小型鸥类。为北京最常见的鸥。成鸟夏羽虹膜暗褐色，具不完整的白色眼圈。嘴暗红色，头棕咖啡色，光线不好时嘴和头都近黑色。背部和两翼灰色，颈、下体、尾部皆为白色。飞行时可见翼尖黑色，但最外侧两枚初级飞羽白色，仅端部黑色。此点有别于棕头鸥的最外侧两枚初级飞羽上的白斑。脚暗红色。冬羽嘴红色而端部黑色，头白色，具黑色耳羽。第一年冬嘴和脚颜色较淡，翼上覆羽具褐色斑点，尾具黑色端斑。

冬季可见集大群漂浮于河流、湖泊之上。主要以鱼虾、昆虫为食。

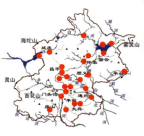

| 1 | 2 | 3 | 4 | 5 | 6 | 7 | 8 | 9 | 10 | 11 | 12 |

L40cm

红嘴鸥 *Chroicocephalus ridibundus* Black-headed Gull

三趾鸥 *Rissa tridactyla* Black-legged Kittiwake

鸻形目 鸥科　　黑脚三趾鸥　　　　　　　　　　VU 三

李兆楠 摄

李兆楠 摄

顾嘉迅 摄

小型鸥。成鸟冬羽嘴黄色，头、颈、胸至下体白色，眼后具一大块黑斑。背、腰部和两翼灰色。外侧初级飞羽黑色，飞行时可见黑色翼尖。尾羽纯白微内凹，脚黑色无后趾。第一年冬羽嘴黑色，部分翼上覆羽黑色，飞行时两翼的黑色连成显眼的"M"形。尾白色具黑色端斑。

北京冬季见于较大开阔水面，多为单只的未成年鸟，或与其他鸥类混群。主要以小型鱼类为食，亦食甲壳类和软体动物。

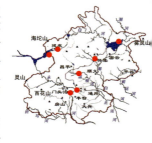

L42cm

遗鸥 *Ichthyaetus relictus* Relict Gull

鸻形目 鸥科　黑头鸥　钓鱼郎

VU Ⅰ

br. 娄方舟 摄

non-br.（上）　换羽中（下）王瑞卿 摄

中型鸥类。成鸟夏羽嘴暗红色，头棕黑色，眼圈由断开的上下两个白色半圆组成。颈、尾及整个下体皆为白色，背部和两翼大为灰白色。飞行时可见翼尖黑色，最外侧两枚初级飞羽具白色端斑。脚红色。冬羽头白色，后颈具黑色细纹，脚黑色。第一年冬羽嘴黑色，翼上覆羽具灰褐色斑点，尾羽具黑色末端斑。
秋季过境北京时，可见集大群于郊区开阔水面。主要以昆虫、小鱼、水生无脊椎动物等为食。

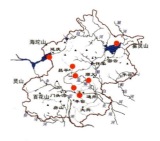

| 1 | 2 | 3 | 4 | 5 | 6 | 7 | 8 | 9 | 10 | 11 | 12 |

L45cm

渔鸥 *Ichthyaetus ichthyaetus* Pallas's Gull

鸻形目 鸥科　　大黑头鸥 海猫子 钓鱼郎

三

br. 娄方舟 摄

br. 娄方舟 摄

体型甚大的鸥。成鸟夏羽头黑色，额弓较低，加之嘴长且粗壮，整体头型显长。具较厚的白色上下眼睑，嘴基黄色，嘴端红黑相间。颈、尾与下体白色，背部和翼上覆羽灰色，飞行时两翼显窄长，外侧初级飞羽白色而具黑色次端斑。冬羽头白色，眼后至枕部发黑。未成年鸟似成鸟冬羽，嘴色淡端部发黑，眼后至枕部黑色明显，尾部具宽阔的黑色端斑。
北京见于郊区开阔水面，多为单只或三两只小群。

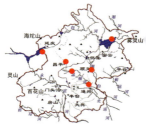

| 1 | 2 | 3 | 4 | 5 | 6 | 7 | 8 | 9 | 10 | 11 | 12 |

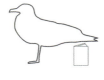

L68cm

小黑背银鸥（灰林银鸥） *Larus fuscus* Lesser Black-backed Gull

鸻形目 鸥科　乌灰银鸥

张小玲 摄

西伯利亚银鸥（左）和小黑背银鸥（右）　大好 摄

大型鸥类。成鸟嘴大粗壮呈黄色，下嘴近端部具红色斑。与西伯利亚银鸥相比体型稍小，冬羽头、颈部深色纵纹更细而清晰，背和翼上覆羽灰色更深（近黑尾鸥），初级飞羽的黑色更多。脚黄色。夏羽头、颈、尾及下体皆为白色。未成年鸟较西伯利亚银鸥体色更深，脚粉色。

北京见于水库、湖泊、河流等开阔水域。多单独或零星几只与其他银鸥混群。

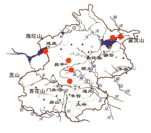

L60cm

西伯利亚银鸥　*Larus vegae*　Vega Gull

鸻形目 鸥科　黄脚银鸥 鱼鹰子　　　　　　　　　　　　三

L.s.mongolicus ad.win. 袁晓 摄

体型硕大的鸥类。本种在国内现包含两亚种，即普通亚种 *L.s.vegae*（原西伯利亚银鸥）和蒙古亚种 *L.s.mongolicus*（原蒙古银鸥）。成鸟嘴大粗壮呈黄色，下嘴近端部具红色斑。整体似小黑背银鸥，野外辨识难度大，其中未成年鸟尤甚，大型鸥类4年性成熟，不同阶段羽色均有细微差异。
常见不同年龄个体的西伯利亚银鸥集大群栖息于开阔水面或水中滩涂。华北地区多为蒙古亚种，普通亚种少见。

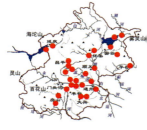

| 1 | 2 | 3 | 4 | 5 | 6 | 7 | 8 | 9 | 10 | 11 | 12 |

L65cm

西伯利亚银鸥 *Larus vegae* Vega Gull

L.s.vegae ad.win. 高翔 摄

李毅 摄

	背和翼上覆羽	冬羽	
		脚	头、颈部纵纹
西伯利亚银鸥蒙古亚种	浅灰	粉	不甚明显的细纹
西伯利亚银鸥普通亚种	灰	粉	密布灰褐色纹
小黑背银鸥	深灰	黄	较细且清晰

西伯利亚银鸥 *Larus vegae* Vega Gull

L.s.mongolicus imm. 李毅 摄

王瑞卿 摄

黑尾鸥 *Larus crassirostris* Black-tailed Gull

鸻形目 鸥科　海猫 黑尾海鸥 黑尾钓鱼郎　　三

ad. 焦庆利 摄

ad. 焦庆利 摄

中型鸥类。成鸟夏羽虹膜淡黄色。嘴黄色，先端红色，次端黑色。头、颈及下体皆白色，背部及两翼为深灰色，飞行时可见翼尖黑色，并具宽阔的尾端黑带。脚黄色。冬羽头后颈褐色。幼鸟嘴粉，先端黑色，全身多为褐色，脚粉色或淡黄色。
国内主要分布于东、南部沿海地区，迁徙季偶至内陆。北京地区见于水库、河流等较大开阔水面。与其他鸥类混群，数量很少，以前多有误认。

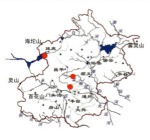

| 1 | 2 | 3 | 4 | 5 | 6 | 7 | 8 | 9 | 10 | 11 | 12 |

L47cm

普通海鸥 *Larus canus* Mew Gull

鸻形目 鸥科　海鸥 东方海鸥

non-br. 任立鹏 摄

中型鸥类。成鸟冬羽虹膜淡黄色,嘴黄色,头至后颈布淡褐色纹,背及翼上覆羽灰色,外侧初级飞羽黑色,具白色次端斑,其余部位皆白色。脚黄色。夏羽头、颈部纯白无纹。第一年冬羽嘴黄粉色而端部黑色,虹膜黑褐色,仅肩背部灰色,其余白色杂布浅褐色斑纹,尾白具较宽的黑色次端斑,脚粉色。

北京见于各种大型开阔水域,多为未成年鸟的单只或小群。主要以鱼、虾或软体动物为食。

| 1 | 2 | 3 | 4 | 5 | 6 | 7 | 8 | 9 | 10 | 11 | 12 |

L46cm

鸥类比较

左起依次为普通海鸥、西伯利亚银鸥和渔鸥 任立鹏 摄

第三年冬羽

成鸟

第一年冬羽

第二年冬羽

西伯利亚银鸥 李兆楠 摄

鸥嘴噪鸥 *Gelochelidon nilotica* Common Gull-billed Tern

鸻形目 鸥科 鸥嘴燕鸥

三

br. 王瑞卿 摄

juv. 李兆楠 摄

中型燕鸥，似普通燕鸥而大。嘴较普通燕鸥显得粗壮结实，为纯黑色。繁殖期头部眼睑水平线以上纯黑色，除背及两翼浅灰色外，其余部位皆为白色。尾呈浅叉状。脚黑色。非繁殖期头白色，眼后具黑色斑。幼鸟似非繁殖期成鸟，但下嘴基橘红色。零星或集小群活动，见于开阔河流、湖泊、水库上空，飞行敏捷。以小型鱼类和无脊椎动物等为食。

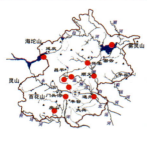

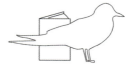

L39cm

红嘴巨燕鸥（红嘴巨鸥） *Hydroprogne caspia* Caspian Tern

鸻形目 鸥科

三

徐永春 摄

徐永春 摄

体型硕大的燕鸥。成鸟繁殖期嘴纯红色，甚为粗壮。头部从前额、头顶至枕部黑色，有不甚明显的短冠羽。上体浅灰色，外侧初级飞羽腹面黑色，尾羽白色呈浅叉状。下体白色，脚黑色。非繁殖期嘴端发黑，头部黑色区域斑驳。幼鸟嘴橘红色，翼上覆羽具褐色斑点。

栖息于沿海和内陆的各类湿地。北京多见集小群于大型开阔水面的湖心小岛或沙洲滩涂上停留，飞行时振翅缓慢。

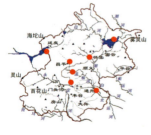

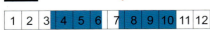

L50cm

普通燕鸥 *Sterna hirundo* Common Tern

鸻形目 鸥科　燕鸥 长翅海燕　　　　三

S.h.longipennis 娄方舟 摄

S.h.tibetana 李兆楠 摄

中型燕鸥。嘴细长而尖略下弯。成鸟繁殖期头顶至枕部黑色，上体灰色，尾羽白色呈深叉状，下体灰白色。非繁殖期前额白色。北京可见其两个亚种：东北亚种 *S.h.longipennis* 嘴黑色，脚暗红色近黑，下体灰色较重；西藏亚种 *S.h.tibetana* 嘴橘红色而端部黑色，脚橘红色。

常单只或集小群活动，飞行有力，具有典型的燕鸥类悬停、俯冲捕食习性。营巢于湿地水域岸边的沙滩、石滩和沼泽中，每巢卵数 2~4 枚，亲鸟轮流孵卵。

L35cm

白额燕鸥 *Sternula albifrons* Little Tern

鸻形目 鸥科 小海燕 白额海燕

ad. 李兆楠 摄

ad. 宋晔 摄

小型燕鸥。成鸟繁殖期嘴黄，先端黑色。眼先、头顶及枕部黑色，而前额白色。上体浅灰色，外侧初级飞羽黑褐色，尾羽白色，开叉较深。下体白色，脚黄色。非繁殖期嘴黑色，基部黄色。头顶白色区域扩大，向后延伸，黑色区域斑驳。

北京见于开阔水域的沙洲、河床附近。飞行体态轻盈，以鱼虾和小型无脊椎动物为食，可见其空中悬停，当发现猎物时迅速俯冲而下。营巢于沙洲、河滩凹处，较为简陋，几无衬垫物品。每巢产卵2~4枚，亲鸟轮流孵卵。

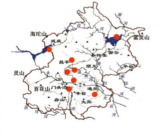

| 1 | 2 | 3 | 4 | 5 | 6 | 7 | 8 | 9 | 10 | 11 | 12 |

L24cm

灰翅浮鸥（须浮鸥） *Chlidonias hybrida* Whiskered Tern

鸻形目 鸥科　　须海燕 灰海燕 黑腹燕鸥　　　　　　　　三

br. 娄方舟 摄

imm.（右） 徐永春 摄

李兆楠 摄

小型燕鸥。成鸟繁殖期嘴暗红色，略下弯。头顶及枕黑色，眼部以下的头侧白色。上体及翼上覆羽灰色，翼下覆羽近白色，尾呈浅叉状。下体深灰色，脚暗红色。非繁殖期嘴和脚黑色，前额白色，下体白色。幼鸟似成鸟非繁殖期，但上体具棕褐色斑。北京见于水生植物丰富的宽阔河流、湖泊和水库。常集小群于水面上空飞行。营巢于水草繁茂处或沼泽地上，为浮巢。

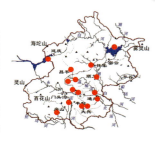

| 1 | 2 | 3 | 4 | 5 | 6 | 7 | 8 | 9 | 10 | 11 | 12 |

L25cm

白翅浮鸥 *Chlidonias leucopterus* White-winged Tern

鸻形目 鸥科　白翅黑燕鸥 白翅黑海燕 乌嘴海燕

小型燕鸥。成鸟繁殖期嘴黑色，头、背、翼下覆羽和下体皆为黑色，与飞羽、翼上覆羽和尾的白色形成鲜明对比，尾呈浅叉状，脚暗红色。非繁殖期头、颈、下体大致为白色，枕部的黑色与眼后黑色相连形成特殊形状的黑色斑块。幼鸟似成鸟非繁殖期，但背、肩及翼上小覆羽褐色。
北京繁殖于大开阔水域且水生植物丰富且的水库、湖泊，于水面之上飞行轻巧和缓。秋季迁徙过境时，成体和未成年个体集群，快速沿水域飞过。

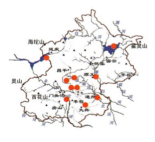

L23cm

鹳形目 CICONIIFORMES

鹳
大型涉禽。嘴粗壮有力。飞行时翼指明显，常借气流盘旋上升。飞行时颈、腿全伸直。

鲣鸟目 SULIFORMES

鸬鹚
中等大小的水鸟。嘴细长，颈长，身形细长，腿短。游泳时吃水甚深，善潜水。

军舰鸟
大型海鸟，翼展甚长，尾分叉，善滑翔，具有游荡习性。

鹈形目 PELECANIFORMES

琵鹭
大型涉禽。嘴长，前端特化成汤匙状。

鳽、鹭
体型中等至大型的涉禽。嘴直，眼先具裸皮。飞行时颈部常缩成"S"形，腿向后伸直。栖息于各类湿地，食性很杂。鹭常栖息于树上，鳽常栖息于水边芦苇丛中。

鹈鹕
体型巨大的水鸟。嘴大，并具有皮囊。

东方白鹳 *Ciconia boyciana* Oriental White Stork
鹳形目 鹳科　老鹳 白鹳

EN Ⅰ

贺建华 摄

李兆楠 摄

大型涉禽。虹膜乳白色，眼周裸皮、眼先朱红色，嘴粗长呈黑色。飞羽、大覆羽、初级覆羽均为黑色，其余皆白色，脚粉红色。

北京常见单独或集小群活动于开阔而偏僻的水域。迁徙时通常在平原地区河流、沿河岸旁沼泽和有水草的浅水处活动觅食。繁殖于我国东北地区，筑巢于高大乔木顶端或铁塔上，巢幅巨大。

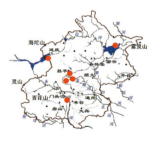

L120cm

黑鹳 *Ciconia nigra* Black Stork
鹳形目 鹳科　乌鹳 锅鹳 黑巨鸡　　　　　　　　　　　　Ⅰ

ad.（左）imm.（右）　李兆楠 摄

大型涉禽。雄鸟嘴粗长呈红色，眼周具红色裸露皮肤。头、颈、上体和上胸黑色，具紫、绿色金属光泽。下体其余部分皆白色。脚红色。雌鸟的金属光泽较雄鸟稍暗。未成年鸟上体棕褐色，下体白色。嘴黄褐色，脚黄色。

北京地区的黑鹳既有全年在此栖息的留鸟，也有冬季在长江中下游越冬，夏季来京繁殖的夏候鸟。常单独或集小群活动于山区河谷、湿地，亦见其在觅食地或巢区上空盘旋。主要以鱼为食，兼食虾、蛙、昆虫等。营巢于山谷峭壁之上，每巢产4~5枚白色卵。

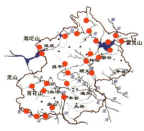

| 1 | 2 | 3 | 4 | 5 | 6 | 7 | 8 | 9 | 10 | 11 | 12 |

L110cm

普通鸬鹚 *Phalacrocorax carbo* Great Cormorant
鲣鸟目 鸬鹚科　鸬鹚 鱼鹰 水老鸦 水老鸹　　三京

br. 李兆楠 摄

non-br. 沈越 摄

黑色水鸟。眼翠绿色，嘴长且前端钩状，喉囊橙黄色，背部具金属光泽，眼周和喉侧裸皮黄色。繁殖期头、颈部有白色丝状羽，下胁具白斑。

常成群活动，飞行时排成"一"字形或"人"字形。游水时颈向上直伸，身体大部分沉入水下。潜入水下捕食鱼类。栖止时身体为垂直站立姿势。常伸开双翅晾晒。

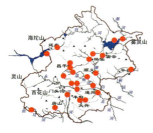

L86cm

白斑军舰鸟 *Fregata ariel* Lesser Frigatebird

鲣鸟目 军舰鸟科

Ⅱ

于俊峰 摄

大型军舰鸟。雄鸟几乎全身黑色，略具金属光泽。嘴型特殊，呈亮灰色，具红色喉囊。两翼极窄且长，尾长呈深叉状，两胁具白色斑块。雌鸟嘴粉色，后颈、胸和两胁白色，其余体羽黑褐色，缺少光泽。亚成体雌鸟，嘴灰色，头、颈部沾棕黄色，腹部具三角形白色斑块。

主要分布于热带海洋岛屿，国内见于东南沿海地区，偶至内陆。多见其从开阔水域之上的高空飞过，极少停落。众多资料记载该鸟在国内为罕见夏候鸟，但于北京而言或为罕见旅鸟的可能性更大，北京地区的记录多为亚成体。

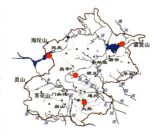

| 1 | 2 | 3 | 4 | 5 | 6 | 7 | 8 | 9 | 10 | 11 | 12 |

L77cm

白琵鹭 *Platalea leucorodia* Eurasian Spoonbill

鹈形目 鹮科 大琵鹭 大勺嘴 琵嘴鹭 Ⅱ

non-br. 李兆楠 摄

br. 宋晔 摄

大型涉禽。黑色的嘴长直而扁平，先端黄色，中段狭窄而端部扩展成匙状，形似琵琶。上嘴具皱纹。周身羽色洁白，繁殖期枕部具发丝状冠羽，前颈下部具浅黄色环带，脚黑色。非繁殖期无羽冠和环带。
北京多见于郊区开阔水面。一般单独或集小群活动，觅食时在浅水处左右摆动长嘴寻找食物。主要以鱼、虾、蛙、软体动物、昆虫等为食。

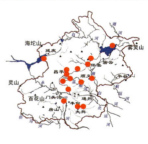

| 1 | 2 | 3 | 4 | 5 | 6 | 7 | 8 | 9 | 10 | 11 | 12 |

L87cm

175

大麻鳽 *Botaurus stellaris* Eurasian Bittern

鹈形目 鹭科　大水骆驼 蒲鸡

三京

李强 摄

王瑞卿 摄

周身黄褐色的大型鳽。嘴黄褐色，嘴峰暗褐色，具较重的深色髭纹额，头顶至枕部黑色。身体较粗胖，颈和跗跖粗。背黄色，具粗著的黑褐色条纹，飞行时可见深色的飞羽与黄色的翼上覆羽形成鲜明对比。下体淡黄色，前颈和胸部具黑褐色纵纹。脚黄绿色。

多单独活动，喜苇丛生境。常立于有干枯芦苇的水边，头、颈向上伸直凝神不动，秋冬季隐蔽性极强，身体颜色与干枯芦苇浑然一体，不易发觉，常于不意间惊飞。鸣声为浑厚的"嗡—嗡—"声，似牛蛙。

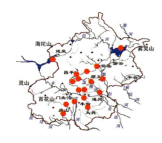

| 1 | 2 | 3 | 4 | 5 | 6 | 7 | 8 | 9 | 10 | 11 | 12 |

L75cm

黑苇鳽(黑鳽) *Ixobrychus flavicollis* Black Bittern

鹈形目 鹭科　乌鹭

近黑色的中型鳽。雄鸟周身大部分为蓝黑色，虹膜红色，嘴深色。头和后颈缀有蓝色，颈侧和喉部有橘色和黑色杂斑，前胸具褐、白相间条纹，脚黑褐色。雌鸟上体暗褐色。北京罕见于房山、怀柔、延庆的河湖、溪流湿地生境或水边灌木林中。主夜行性。

1	2	3	4	5	6	7	8	9	10	11	12

L58cm

黄斑苇鳽（黄苇鳽） *Ixobrychus sinensis* Yellow Bittern

鹈形目 鹭科　小水骆驼 小老等　　　　　　　　　　　三

三种苇鳽瞳孔比

黄斑苇鳽 F. 王瑞卿

紫背苇鳽 宋晔

栗苇鳽 张代富

M. 吴秀山 摄

浅黄色的小型鳽。雄鸟瞳孔圆形，嘴肉粉色，嘴峰暗褐色。头顶和枕部蓝黑色，头侧、颈侧黄白色，微微沾粉色。后颈和背黄褐色，飞行时可见黑色的飞羽与黄色的翼上覆羽对比明显。尾黑色，脚黄绿色。雌鸟嘴色偏黄，头顶颜色较浅，上体具浅棕色斑块。常单独活动，栖息于各类湿地的沼泽苇丛中。性安静，以取食鱼类为主，常弯折芦苇茎、叶，在离水面不高的苇秆上筑巢。鸣声似牛蛙而低沉。

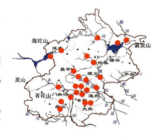

| 1 | 2 | 3 | 4 | 5 | 6 | 7 | 8 | 9 | 10 | 11 | 12 |

L35cm

紫背苇鳽 *Ixobrychus eurhythmus* Schrenck's Bittern
鹈形目 鹭科　紫小水骆驼 秋鳽　　　　　　　三京

紫栗色的小型鳽。雄鸟瞳孔狭长近似"一"字，嘴黄色，嘴峰黑褐色。头顶深色，其余上体紫栗色。下体淡土黄色，从喉至胸有一深褐色纵纹。飞行时可见黑色的飞羽与灰黄的翼上覆羽形成对比。尾黑色，脚黄绿色。雌鸟似雄鸟而杂以白色斑点。
性隐匿孤僻，常单独栖息于开阔平原草地、岸边植物丰富的水域。主要于晨昏和夜间活动，以小鱼、虾、蛙、昆虫等为食。

| 1 | 2 | 3 | 4 | 5 | 6 | 7 | 8 | 9 | 10 | 11 | 12 |

L35cm

栗苇鳽 *Ixobrychus cinnamomeus* Cinnamon Bittern

鹈形目 鹭科　　红小水骆驼 独春鸟　　　　　　三

M. 沈越 摄

M. 张代富 摄

栗红色的小型鳽。雄鸟瞳孔狭长近似"一"字，嘴黄褐色，嘴峰黑褐色。上体从头顶至尾及两覆均为栗红色。下体色淡，喉至胸具一褐色纵纹。胸侧缀有黑白两色斑纹。脚黄色。雌鸟上体色暗，呈栗棕色，下体土黄色，杂以黑褐色纵纹。

性隐匿孤僻，常单独活动于平原和低山丘陵地带的湿地苇丛、菖蒲中。主要于晨昏和夜间活动，捕食鱼、虾、昆虫等小动物。

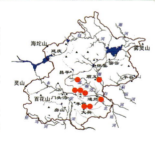

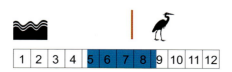

L35cm

夜鹭 *Nycticorax nycticorax* Black-crowned Night Heron
鹈形目 鹭科 灰洼子 夜洼子

ad. 吴井平 摄

imm. 李强 摄

蓝灰色的中型鹭类。成鸟嘴黑色，虹膜深红色。头顶及背部蓝灰色。飞行时两翼的灰白色与背部形成鲜明对比。下体近白色，脚黄色。繁殖期枕部向后伸 2~5 枚辫状白色饰羽。未成年个体虹膜和嘴黄色，上体暗褐色，具浅色斑点。下体近白色，具浅色细纵纹。

北京常见于各种湿地，常结小群，傍晚后开始活跃。成群筑巢于高大乔木上。以鱼、虾、蛙、昆虫等为食。每巢产 3~5 枚蓝绿色的卵。

| 1 | 2 | 3 | 4 | 5 | 6 | 7 | 8 | 9 | 10 | 11 | 12 |

L60cm

绿鹭 *Butorides striata* Green-backed Heron

鹈形目 鹭科　打鱼郎 绿蓑鹭

三京

ad. 贺建华 摄

imm. 贺建华 摄

小型鹭类。虹膜明黄色，嘴墨绿色。头顶和冠羽墨绿色，颈和上体灰绿色。下体两侧灰色，中央白色。飞羽暗褐色，翼上覆羽具白色羽缘，呈网状。脚黄绿色。
常单只或结小群，栖于浅山溪流和岸边岩石之上，平原地区少见。黄昏以后更为活跃。常守候在溪流中的凸石上，捕食鱼、虾、蛙、蟹及其他水生动物。营巢于水附近的树杈上，每巢产 3~5 枚绿青色的卵。

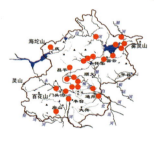

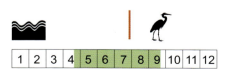

L46cm

池鹭 *Ardeola bacchus* Chinese Pond Heron

鹈形目 鹭科　红毛鹭 花洼子

棕红色的小型鹭类。虹膜黄色，嘴黄色而尖端黑色。繁殖期头、后颈、颈侧和胸均棕红色。头顶冠羽长达背部，肩、背部蓝黑色，具蓑羽并向后伸达尾羽末端。飞行时白色的两翼与深色的背对比鲜明。脚黄色。非繁殖期颈及下体白色，布棕褐色纵纹，背亦棕褐色。

北京常见于各种湿地。性大胆，不慎惧人，以鱼、虾、蛙、螺、昆虫等为食。

| 1 | 2 | 3 | 4 | 5 | 6 | 7 | 8 | 9 | 10 | 11 | 12 |

L47cm

牛背鹭 *Bubulcus coromandus* Cattle Egret

鹈形目 鹭科　黄头鹭 畜鹭 放牛郎　　　　　　　　　　三京

br. 沈越 摄

non-br. 胡严 摄

中小型鹭类。繁殖期头、颈、上胸及背部为橘黄色，余部纯白色。嘴亦变为橘红色，甚为鲜艳。脚暗黄至近黑色。非繁殖羽甚似白鹭而头、颈部短粗，嘴黄色。
北京地区见于平原草地、农田之中。成对或小群活动，常伴随家畜，有时落于牛背之上。喜捕食被家畜吸引或惊飞的昆虫，主要捕食昆虫等小型无脊椎动物，而非鱼类，为鹭类中所少有。

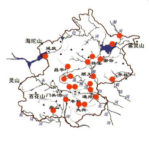

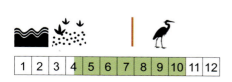

L51cm

苍鹭 *Ardea cinerea* Grey Heron

鹳形目 鹭科 　长脖儿老等　灰鹭　　　　　　　　　　　　　三

李兆楠 摄

br. 刘祎远 摄

灰白色的大型鹭类。体态修长，嘴、颈和跗跖皆长。嘴黄色，繁殖期为橘红色。头顶两侧和两条辫状冠羽青黑色。颈部呈"S"状，前颈具黑色纵纹。上体苍灰色，飞羽青黑色。下体白色。脚黄色。
常单只或集群分散开，见于各种湿地。常缩着脖子站立不动，伺机捕食，民间素有"长脖儿老等"之称。飞行时两翼缓慢扇动。以鱼、虾、蛙等动物为食，亦食小型哺乳动物。筑巢于岸边高大乔木或山涧悬崖峭壁或苇丛中。

L96cm

1	2	3	4	5	6	7	8	9	10	11	12

草鹭 *Ardea purpurea* Purple Heron

鹳形目 鹭科　紫鹭 花洼子　　　　　　　　　　三 京

imm. 贺建华 摄

ad. 宋晔 摄

棕灰色的大型鹭类，体型似苍鹭。嘴黄色，嘴峰褐色。头顶蓝黑色，枕部具两条黑色辫状冠羽。颈部棕色，两侧有蓝黑色纵纹。上体蓝黑色，飞羽黑灰色，肩及翼下覆羽棕色。跗跖黄色或红褐色。

北京见于开阔平原和低山丘陵的河湖以及水库岸边。行动迟缓。食性与苍鹭相似。营巢于茂密的苇丛中，每巢产3~6枚卵。

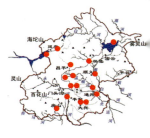

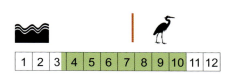

L95cm

大白鹭 *Ardea alba* Great Egret
鹈形目 鹭科 鹭鸶 白洼子　　　　　　　　三京

起依次为大白鹭、白鹭、中白鹭（两只） 贺建华 摄

李兆楠 摄

大型鹭类。全身羽色洁白，颈部细长常呈"S"状，具"喉结"状凸突起。嘴裂延至眼后。繁殖期嘴黑色，脸部裸皮蓝绿色，仅背部具长蓑羽。跗跖和趾黑色。非繁殖期嘴黄色，脸部裸皮黄绿色。无蓑羽。通常白天单只或成小群于开阔平原和山地丘陵地区的河、湖、沼泽地，取食鱼、虾、蛙、昆虫等。营巢于高大乔木或苇丛中，每巢产 3~6 枚蓝色卵。

L97cm

187

中白鹭 *Ardea intermedia* Intermediate Egret

鹳形目 鹭科 鹭鸶 春锄 三

non-br. 李兆楠 摄

宋晔 摄

大白鹭（上）与中白鹭（下）眼与口裂关系比较

高翔 摄

中型鹭类。体型介于大白鹭和白鹭之间。全身羽色洁白。非繁殖期嘴黄色而端部黑色，脸部裸皮黄绿色，跗跖和趾黑色。繁殖期嘴端及上嘴峰黑色或全嘴黑色，下背和前颈下部具蓑羽。

北京见于郊区的河湖、水库、池塘等浅水处。常单独活动，有时亦与其他鹭类混群。以鱼、蛙、昆虫等小动物为食。

1	2	3	4	5	6	7	8	9	10	11	12

L70cm

白鹭 *Egretta garzetta* Little Egret

鹈形目 鹭科　　鹭鸶 小白鹭　　　　　　　　　三

br. 高翔 摄

ad. non-br. 王瑞卿 摄

中型鹭类。全身羽色洁白。嘴黑色，脸部裸皮黄色，跗跖黑色，而趾黄色。繁殖期枕部着生两根狭长而软的矛状饰羽。背和前颈具有蓑羽，其中一段较短时间内脸部裸皮呈粉红色。
常成小群活动于平原、丘陵低海拔的河、湖、鱼塘等浅水处。以小鱼、虾、蛙、昆虫等为食。集群营巢于高大乔木上，每巢产 3~5 枚鸭蛋青色卵。

| 1 | 2 | 3 | 4 | 5 | 6 | 7 | 8 | 9 | 10 | 11 | 12 |

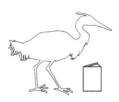

L60cm

卷羽鹈鹕 *Pelecanus crispus* Dalmatian Pelican

鹈形目 鹈鹕科 塘鹅 NT Ⅰ

李兆楠 摄 卷羽鹈鹕与普通鸳个体比较 朱英 摄

体型巨大的游禽。头上的冠羽呈散乱的卷曲状。嘴长而粗，上嘴灰褐色，前端具爪状弯钩，下嘴橘红色且具硕大喉囊。整体羽色灰白，外侧初级飞羽黑色。脚铅灰色，为全蹼足。未成年个体上体浅褐色，飞羽深色。

数量稀少，东亚种群数量可能不足百只，冬季在我国东南沿海一带集群越冬。迁徙季零星见于北京，常浮于大型开阔静水，缓慢优雅，抑或于水面之上高空盘旋。主要以鱼类、甲壳类、软体动物、两栖动物等为食。

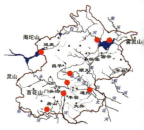

1	2	3	4	5	6	7	8	9	10	11	12

L170cm

鹰形目 ACCIPITRIFORMES

鹗
喜生活在水域周边的体型偏大的猛禽，喜食活鱼。足底密布倒刺。

蜂鹰
森林栖息的偏大型猛禽，嗜袭击蜂巢食蜂类。

鹫
喜山区生活的巨大猛禽，翼宽大，尾短，头部随年龄增长越发裸露。喜食动物尸体。

短趾雕
喜食蛇的猛禽，体型偏大，体色靓丽。

雕
多为强健的大型猛禽。身体以棕褐色为主，亚成鸟多有些标志性的白色羽毛。翅展宽大，头显尖细，尾较短，停落状态下可见腿被毛覆盖。偏好在山地、湿地等开阔地带猎食，可袭击体型较大的猎物。

黑翅鸢
黑白灰色的中小型猛禽，可以在空中悬停。

鹰
喜栖息于林地中的小型至中型猛禽。羽色多艳丽，由泛红及褐色的横、纵纹路组成。翼形短而浑圆，尾长、腿长、裸足。

海雕
水域周遭生活的大型猛禽。身体强壮，中央尾羽突出呈楔形，嘴型很大，可捕捉鸭子等水鸟和大鱼。

鹞
和湿地关系密切的一类中型猛禽。常见其像蝴蝶般飘飞于芦苇丛中和草滩上捕食小鸟，气质优雅。本属猛禽腿细长，裸足。很多种类拥有白色的尾上覆羽，即所谓"白腰"，雌雄外观差距巨大，雄鸟多靓丽。

鵟鹰
喜爱栖息于林地或者林缘的中型猛禽，翅形狭长，翅后缘平直。掠食性弱，喜食虫等小型猎物。

鸢
体型偏大，栖息地多样化，适应能力强。中央尾羽短导致尾羽内凹形成独特的"叉尾"或"鱼尾"。

鵟
喜旷野栖息捕食的中型至偏大型猛禽，色型多样化。尾短，嘴较细弱。仰视本属猛禽飞行可见翼指端部发黑、覆羽色深，与飞羽基部的浅色区域对比形成大片鲜明"⌐"形白色区块，可在飞行状态下以此作依据快速识别。北京可见 3 种。

鹗 *Pandion haliaetus* Osprey

鹰形目 鹗科 鱼鹰 Ⅱ

肖怀民 摄

李兆楠 摄

中型猛禽。头顶白色，眼后的黑褐色斑块延伸至后颈。上体暗褐色，具白色小斑。下体近白色，胸部缀赤褐色斑纹。飞行时可见两翼狭长，翼指5枚，尾显短，正面似"M"形。翼下覆羽白色。趾青灰色。嗜食鱼类，常翱翔于开阔水域上空。发现猎物折合两翼直扑猎物，外趾能反转向后，趾底具刺突，便于固定猎物。并能潜入水中追捕游鱼，亦常见其携鱼迁飞的行为。

L55cm
WS153cm

凤头蜂鹰 *Pernis ptilorhynchus* Oriental Honey-buzzard

鹰形目 鹰科   雕头鹰 花豹   II

ad.M. 宋晔 摄   ad.F. 宋晔 摄

中型鹰科猛禽。体色百变多样，可拟态其他强壮猛禽。成年雄鸟虹膜色深，脸灰色。头颈部尤为细长。飞行时两翼较宽大，尾部较长，具显著的深色翼后缘和尾端斑。翼指6枚。雌鸟似雄鸟而虹膜黄色，尾部横纹较窄，深浅对比不明显。

凤头蜂鹰为迁徙季在北京过境量最大的猛禽，单日可达千余只。飞行时沉稳缓慢，喜食昆虫，尤偏蜂类，偶尔也食蛇类、蜥蜴、蛙、小型哺乳动物。曾记录到其携蜂巢迁飞。

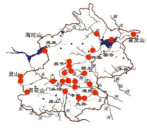

L58cm
WS130cm

凤头蜂鹰 *Pernis ptilorhynchus* Oriental Honey-buzzard

imm. 沈越 摄

pale morph F. 宋晔 摄

洪蜚 摄

dark morph 赵云天 摄

秃鹫 *Aegypius monachus* Cinereous Vulture
鹰形目 鹰科　座山雕

NT I

肖怀民 摄

李兆楠 摄

颜晓勤 摄

体型巨大的鹰科猛禽，亚洲最大的陆栖鸟类。成鸟周身黑褐色，嘴硕大、铅灰色，蜡膜淡蓝色。头顶被短且稀疏的深褐色绒羽，头、颈部皮肤裸露如其名，但一般缩起并不易见。飞行时两翼长且宽大，翼指7枚，尾羽展开成楔形，均显较为残破。脚灰蓝色。未成年鸟嘴色深，蜡膜发粉。头、颈部绒羽较多。

常单只或结小群活动，北京冬季正午常见于郊区山顶高空盘旋。多取食动物尸体，也捕食活物。通常营巢于悬崖峭壁凹陷处，每巢产卵1~2枚。

| 1 | 2 | 3 | 4 | 5 | 6 | 7 | 8 | 9 | 10 | 11 | 12 |

L110cm
WS280cm

短趾雕 *Circaetus gallicus* Short-toed Snake Eagle
鹰形目 鹰科　蛇雕　　　　　　　　　　　　　　　　　　Ⅱ

ad. 贺建华 摄

imm. 颜晓勤 摄

中型偏大的鹰科猛禽，体色较为靓丽。成鸟虹膜黄色，头和胸部栗褐色，飞行时翼下及腹部白色，布栗褐色点状横纹，极具特色。翼指6枚，端部发黑。未成年鸟体色较浅，下体白色，喉、胸部有褐色纵纹。通常在迁徙季过境北京，但近年来夏季在北部山区水域附近多有记录，是否繁殖尚不明确。食物主要为蛇类、蜥蜴类、蛙类及小型鸟类，亦捕食小型啮齿动物。

| 1 | 2 | 3 | 4 | 5 | 6 | 7 | 8 | 9 | 10 | 11 | 12 |

L67cm
WS175cm

乌雕 *Clanga clanga* Greater Spotted Eagle
鹰形目 鹰科　小花皂雕 花雕（未成年）皂雕　　　　　　　VU I

ad. 李兆楠 摄

imm. 邓钶光 摄

ad. 徐松平、崔永利 摄

中型偏大的鹰科猛禽。成鸟虹膜褐色，嘴铅黑色，蜡膜黄色。周身羽毛褐色近黑，飞行时可见翼下初级飞羽基部有浅色窄月牙状区域，翼指7枚。白腰明显。未成年鸟身上有不规则小块淡斑，背部和翼上有浅色斑点连成条带，遂又有"花雕"之称。迁徙季北京见于西部山区和郊区开阔水域上空。主要以野兔、鼠类、鸭类为食，亦食蛙、蜥蜴、鱼类。

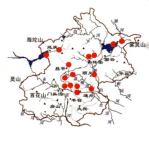

L65cm
WS168cm

靴隼雕 *Hieraaetus pennatus* Booted Eagle

鹰形目 鹰科　小隼雕 毛腿雕 小雕　　　　　　　　　Ⅱ

pale morph 刘哲青 摄

dark morph 徐永春 摄

dark morph 赵云天 摄

中型鹰科猛禽。虹膜黄棕色，蜡膜黄色。飞行时可见其标志性肩羽，两块显著的白色斑块似"车灯"，迎面飞来时容易观察到。翼指6枚，翼下紧挨翼指的3枚初级飞羽色浅。尾两侧末端转角近似直角，显尾较平。本种有深浅两种色型，深色型下体和翼下覆羽深褐色；浅色型对应位置为白色。北京地区所见多为深色型。主要以鼠类、野兔和鸟类为食。

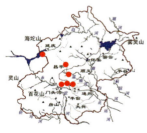

L50cm
WS126cm

草原雕 *Aquila nipalensis* Steppe Eagle

鹰形目 鹰科　　大花皂雕 大花儿雕 青尖（成）黄尖（幼）　　EN Ⅰ

imm. 张永 摄

ad. 肖怀民 摄

大型鹰科猛禽。成鸟虹膜暗褐色，嘴黑褐色，蜡膜黄色。嘴裂可达眼中后部，较其他雕而更深。整体羽色以褐色为主，飞羽黑色，翼指7枚。未成年鸟体色稍浅，飞行时可见翼下的浅色宽带分割飞羽和覆羽，尤为明显。

在我国北部草原或荒漠地带繁殖，迁徙季见于北京西部山区。主要以各种啮齿类、爬行类、鸟类等中小型脊椎动物为食。

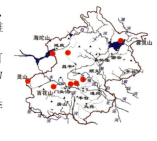

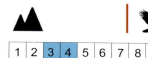

L76cm
WS190cm

白肩雕 *Aquila heliaca* Eastern Imperial Eagle
鹰形目 鹰科　御雕　　　　　　　　　　　　　　　　　VU I

imm. 张小玲 摄

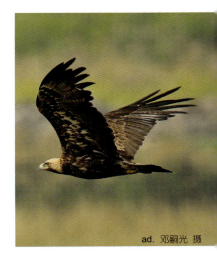
ad. 邓嗣光 摄

大型鹰科猛禽。成鸟虹膜暗褐色，蜡膜黄色。周身深褐色，头顶及后颈部羽毛淡黄色。背部具显著的白色肩斑，但通常不易观察到。两翼宽大，翼指7枚。尾下覆羽浅黄色。未成年鸟飞行时可见接近翼指的3枚初级飞羽色浅，下体和翼下覆羽淡黄色并密布黑色纵纹。

国内繁殖于新疆，迁徙季见于北京西部山区。主要以啮齿类、雁鸭类、雉类和其他哺乳动物为食。

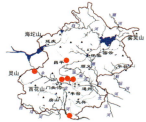

| 1 | 2 | 3 | 4 | 5 | 6 | 7 | 8 | 9 | 10 | 11 | 12 |

L80cm
WS196cm

金雕 *Aquila chrysaetos* Golden Eagle
鹰形目 鹰科　　洁白雕（幼鸟）鹫雕　　　　　　　　　　　　Ⅰ

ad. 陈艳新 摄

imm. 赵超 摄

大型鹰科猛禽，体态强健，虹膜褐色，嘴铅灰色，整体羽色深褐色，头后、颈部羽毛金黄棕色。两翼不及白肩雕宽而翼基部渐窄，翼指7枚。翼下飞羽色浅于翼下覆羽。未成年鸟飞型时翼下可见两块显著白斑，尾白色具黑色端斑。

常见单独或成对在高空盘旋。以狗獾、野兔、狍子、斑羚、雁鸭类、雉类等中大型的兽类和鸟类为食。繁殖于北京西部、北部山区河谷的悬崖峭壁岩石地带，每巢产1~3枚卵。

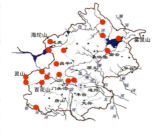

1	2	3	4	5	6	7	8	9	10	11	12

L90cm
WS230cm

黑翅鸢 *Elanus caeruleus* Black-winged Kite

鹰形目 鹰科　灰鹞子　　　　　　　　　　　Ⅱ

赵云天 摄

徐永春 摄

小型鹰科猛禽。成鸟虹膜红色，嘴黑色。上体灰色，肩部与翼下飞羽黑色，其余皆为白色。飞行时，翼指不甚明显，似笋。尾浅叉状。脚深黄色。未成年鸟虹膜黄褐色，胸部多沾褐色。

国内主要分布于南部和东部地区。近年来多有北扩趋势，在北京稳定出现。多单独或成对出现于郊区的各类开阔湖泊、河流附近。可振翅在空中悬停寻找猎物，主要以小啮齿类、昆虫、小型鸟类为食。

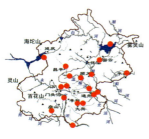

L34cm
WS85cm

凤头鹰 *Accipiter trivirgatus* Crested Goshawk

鹰形目 鹰科　凤头雀鹰 凤头苍鹰　　　　　　　　　Ⅱ

ad. 曦恒 摄

ad. 李兆楠 摄

中型鹰科猛禽,似松雀鹰而更显壮实。雄鸟虹膜橘色,头部灰色,具不甚显著的冠羽,其余上体灰褐色。飞行时可见两翼明显短圆,翼后缘较松雀鹰更为凸出,翼指6枚,显粗胖。喉白色,具显著喉中线。胸部和腹部分别具棕褐色的纵纹和横纹。尾下覆羽白色,尤为发达蓬松。跗跖部较松雀鹰更为粗壮。雌鸟虹膜黄色,腹部横纹较密。国内主要分布于长江以南,近年有显著北扩趋势。

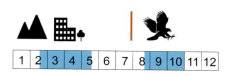

| 1 | 2 | 3 | 4 | 5 | 6 | 7 | 8 | 9 | 10 | 11 | 12 |

L44cm
WS82cm

赤腹鹰 *Accipiter soloensis* Chinese Sparrowhawk

鹰形目 鹰科　鹞子 鸽子鹰 蜡鼻儿 红鼻鹞　　Ⅱ

ad. M. 赵云天 摄

imm. 李兆楠 摄

体型甚小的鹰科猛禽。成年雄鸟虹膜近黑色，嘴黑色，蜡膜橘黄色尤为醒目。上体青灰色，下体白色，多沾浅橘色。飞行时可见翼下外侧初级飞羽黑色，翼指4枚。远见飞行似鸠鸽状。雌鸟似雄鸟，虹膜黄色，下体又不甚明显的横纹。幼鸟上体褐色，具喉中线，胸、腹部有褐色纵纹或心形斑。

在北京的中低海拔山林，甚至城市公园中有繁殖。善隐藏而机警，主要以蛙、蜥蜴、昆虫等为食，偶尔也吃小型鸟类或鼠类。营巢于林中的树冠层中，每巢产卵2~5枚。

L31cm
WS57cm

松雀鹰 *Accipiter virgatus* Besra

鹰形目 鹰科　粗纹喉松雀鹰　　　　　　　　　　Ⅱ

ad. 牟宪波 摄

imm. 曦恒 摄

小型鹰科猛禽，似日本松雀鹰而稍大。成年雄鸟虹膜橘红色，头和上体灰色，喉部白色，具显著粗喉中线。上胸部中央有褐色纵纹，其余下体具宽而粗的红褐色横纹。飞行时较日本松雀鹰翼后缘凸出，翼指5枚，且较粗。尾下外侧尾羽深色带与浅色带等宽，此点亦有别于日本松雀鹰。雌鸟似雄鸟而虹膜黄色，脸褐色。

国内主要分布于南方，近年来北京迁徙季亦有数笔确切记录，值得关注。习性似日本松雀鹰。

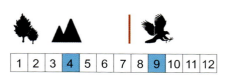

| 1 | 2 | 3 | 4 | 5 | 6 | 7 | 8 | 9 | 10 | 11 | 12 |

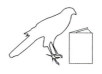

L33cm
WS60cm

日本松雀鹰 *Accipiter gularis* Japanese Sparrowhawk Ⅱ

鹰形目 鹰科　松儿（雄）松子鹰（雄）摆胸（雌）雀鹞（雌）细纹喉松雀鹰

imm. 洪婉萍 摄

ad.M. 汤国平 摄

ad.F. 杜松翰 摄

国内体型最小的鹰科猛禽。成年雄鸟头和上体灰蓝色，虹膜橘红色，胸及两胁淡红褐色，腹部横纹不甚清晰，飞行时翼后缘较平直，翼指5枚，尾部多内凹，尾下外侧尾羽深色带为浅色带宽度之半。跗跖细长，中指显著长。雌鸟虹膜黄色，上体褐色，胸、腹部横纹清晰。未成年鸟虹膜黄色，喉白色，具明显细喉中线。胸部纵纹腹部横纹。
迁徙季过境北京山区和平原城区。多单独活动，飞行时振翅急促而有力似斑鸠。多在密林中捕食小型鸟类，亦食昆虫、蜥蜴等。

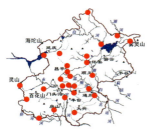

L29cm
WS52cm

雀鹰 *Accipiter nisus* Eurasian Sparrowhawk

鹰形目 鹰科　细胸（雄）鹞子（雌）　　Ⅱ

F. 王文桐 摄

ad. M. 高翔 摄

ad. M. 马宏茹 摄

小型鹰科猛禽。腹部横纹细密，翼指6枚，雄鸟头及上体青灰色，脸颊泛淡橘色。下体白色，具淡橘色两胁和较密横纹。飞行时明显可见尾部占比更长，翼指6枚。雌鸟白色眉纹较显著，上体棕褐色，下体白色，具褐色较密横纹。未成年似雌鸟，胸、腹部纹路杂乱，有"倒三角"状斑纹。北京最常见的鹰科猛禽。常单独或成对活动，主要以小型鸟类和啮齿类为食。营巢于山区松树顶端，巢呈厚皿状。

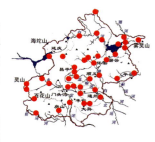

L35cm
WS68cm

苍鹰 *Accipiter gentilis* Northern Goshawk
鹰形目 鹰科　鸡鹰（雄）兔鹰（雌）黄鹰（未成）鹞鹰　　Ⅱ

ad. 万绍平 摄

imm. 杜松翰 摄

中型鹰科猛禽，体态强健。成鸟头及上体黑褐色，白色眉纹显著。下体污白，横纹较雀鹰更为细密。飞行时可见翼指6枚，和雀鹰相对：两翼较尖，其中最内侧一枚翼指明显短；尾部比例不及雀鹰而中央尾羽凸出；跗跖更粗壮。未成年鸟下体皮黄色，具深褐色纵纹。

常单独活动，异常凶猛，极具爆发力，为少数不惧鸦科鸟类的猛禽。主要食物为野兔、鼠类及鸟类等，甚至主动攻击其他猛禽。营巢于高大乔木上，枯草筑成呈厚皿状，每巢产卵3~4枚。

L56cm
WS110cm

白尾海雕　*Haliaeetus albicilla*　White-tailed Sea Eagle

鹰形目 鹰科　　白尾雕 黄嘴雕 白尾鹫

ad. 王文桐 摄

imm. 李兆楠 摄

ad. 宋晔 摄

大型鹰科猛禽。成鸟虹膜黄色，嘴亦黄色，厚且粗壮。周身大致为褐色，头、颈部色浅，飞行时可见尾短而外凸成楔形，洁白醒目。翼指7枚。脚粗壮呈黄色。未成年鸟似成鸟，嘴色深，周身杂以不规则的白色羽，尾羽具褐色边缘。

北京不常见冬候鸟、旅鸟。常单独或成小群活动，在北京越冬，栖于远郊区大型开阔水域、冰面和山区，或于空中翱翔搜寻猎物。主要以鱼为食，也捕食鸟类和中小型哺乳动物。

L88cm
WS153cm

白腹鹞 *Circus spilonotus* Eastern Marsh Harrier
鹰形目 鹰科　泽鸢 泽鹞　　　　　　　　　　　　　Ⅱ

ad.M．大陆型（黑头型）　贾云国 摄　　　ad.M．大陆型（灰头型）　宋晔 摄

中型鹰科猛禽，本种色型极为复杂。嘴较其他鹞类更大且向外凸出明显，翼指5枚。大陆型：（黑头型）雄鸟头部翼上覆羽黑色，并头向胸部延续有黑色细纵纹，其余下体和翼下洁白。雌鸟整体黄褐色，腰部斑驳，下体具褐色纵纹，翼下初级飞羽横斑不及白尾鹞雌鸟显著；（灰头型）雄鸟似黑头型雄鸟，灰色代之其黑色部分。雌鸟体色较黑头型雌鸟更深。未成年鸟虹膜色深，头、胸部不同程度发白，腹部纯褐色，翼下飞羽无斑。日本型：雄鸟似大陆型灰头型雌鸟，而腰与中央尾羽灰白色。雌鸟尾羽及下体色纯。未成年鸟头、胸部纯白色。

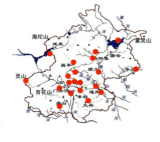

| 1 | 2 | 3 | 4 | 5 | 6 | 7 | 8 | 9 | 10 | 11 | 12 |

L50cm
WS130cm

211

白腹鹞 *Circus spilonotus* Eastern Marsh Harrier

ad.M. 日本型 宋晔 摄

ad.M. 日本型 王昀 摄

常单独或成对活动,北京地区多见于迁徙过境,亦有部分繁殖。多见在沼泽和芦苇荡之上低空缓慢飞行,主要以小型鸟类、啮齿类、蛙类和昆虫为食。过去多有腰部白色的白腹鹞误认为白尾鹞。

ad.F. 大陆型 路遥 摄

白腹鹞 *Circus spilonotus* Eastern Marsh Harrier

ad.F. 大陆型 宋晔 摄

imm. 颜晓勤 摄

M. 大陆型（黑头型）与 F. 大陆型交配 姚立宇 摄

白尾鹞 *Circus cyaneus* Hen Harrier
鹰形目 鹰科　白抓 白尾泽鹞 灰鹞　　Ⅱ

ad.M. 焦庆利 摄

imm. 宋晔 摄

中型鹰科猛禽。雄鸟头、上体、翼上覆羽皆为灰色，腰部洁白。飞行时可见5枚黑色翼指，胸、腹部白色。雌鸟整体褐色，腹部底色白有褐色纵纹，翼下初级飞羽横斑显著。未成年鸟似雌鸟而腹部底色皮黄色，虹膜褐色。

北京地区既有迁徙季过境，亦有部分越冬。见于西部山区、沼泽湿地和开阔荒地。常沿芦苇荡低空缓慢飞行，冬季或于荒地不动，注视枯草丛中猎物的活动。食性多以小型啮齿类为主。过去多有白腹鹞的误认记录。

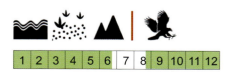

| 1 | 2 | 3 | 4 | 5 | 6 | 7 | 8 | 9 | 10 | 11 | 12 |

L47cm
WS116cm

鹊鹞 *Circus melanoleucos* Pied Harrier

鹰形目 鹰科　喜鹊鹰 喜鹊鹞 黑白花鸢　　　　　Ⅱ

ad.M. 关克 摄

ad. F. 张明 摄

imm. 张明 摄

中型鹰科猛禽，雄鸟黑白两色甚为分明。头、胸部黑色，俯瞰其飞行可见背部标志性的黑色"三叉戟"图案，黑白界限清晰，有别于白腹鹞大陆型黑头型雄鸟。雌鸟具白腰，似白尾鹞雌鸟但腹部发白，翼下初级飞羽横斑程度亦不及白尾鹞雌鸟。未成年鸟虹膜深色，体色纯褐。

常单独或成对活动。迁徙季见于北京西部山区或大型开阔水域上空，典型鹞属猛禽习性。

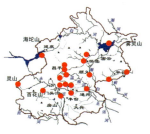

| 1 | 2 | 3 | 4 | 5 | 6 | 7 | 8 | 9 | 10 | 11 | 12 |

L46cm
WS117cm

灰脸𫛭鹰 *Butastur indicus* Grey-faced Buzzard

鹰形目 鹰科　　灰面鹫 屎鹰　　　　　　　　　Ⅱ

imm. 许益源 摄

ad. 宋晔 摄

中型鹰科猛禽。成鸟虹膜黄色，脸部灰色。喉白色，具显著喉中线。下体密布紫褐色横纹，在胸口处连成整片色块。飞行时两翼窄长平直，翼端较尖。翼指5枚，端部发黑。尾羽具黑褐色横斑。未成年鸟虹膜褐色，下体具不规则矛状斑或连成纵纹。北京地区迁徙季可见集上百只大群过境，有时也飞至城镇和村落捕食。山区亦有部分繁殖，常单独活动，主要以小型两栖爬行动物、啮齿类、鸟类为食。营巢于阔叶混交林中靠河岸的乔木之上，巢呈厚盘状，每巢产卵2~3枚。

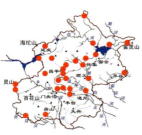

| 1 | 2 | 3 | 4 | 5 | 6 | 7 | 8 | 9 | 10 | 11 | 12 |

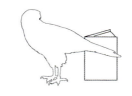

L43cm
WS105cm

黑鸢（黑耳鸢） *Milvus migrans* Black Kite

鹰形目 鹰科　老鹰 老刁　　　　　　　　　　　　　　Ⅱ

imm. 颜晓勤 摄

ad. 焦庆利 摄

中型鹰科猛禽。成鸟虹膜褐色，眼后有显著的黑色耳斑。整体呈棕褐色，飞行时可见尾部呈"梯形"略内凹，为本种标志性特征。翼指6枚。未成年鸟似成年而色浅，背部、两翼覆羽有不规则浅色斑，翼下初级飞羽基部白色显著。下体具棕黄色纵纹。曾在北京城区内就有繁殖，即民间俗称的"老鹰"，现已淡出城市，见于河湖水边、郊区附近及村庄。现主要为迁徙季集群过境。食性杂，以各种小型鸟类鸟、啮齿类、蛇、蜥蜴、蛙、鱼和昆虫为食，亦食腐。通常营巢于高大松柏之上，巢呈厚皿状。

| 1 | 2 | 3 | 4 | 5 | 6 | 7 | 8 | 9 | 10 | 11 | 12 |

L64cm
WS150cm

毛脚鵟 *Buteo lagopus* Rough-legged Buzzard
鹰形目 鹰科　雪花豹　　　　　　　　　　　　　　Ⅱ

张雪峰 摄

宋晔 摄

万绍平 摄

黄秋敏 摄

中型鹰科猛禽。头、颈部乳白色并稍缀褐色细纹，成年老熟个体几近纯白色。上体大致褐色杂以白斑，腹部棕褐色。飞行时可见，翼指5枚；翼后缘与尾次端具显著的黑色条带，为本种重要辨识特征。跗跖被毛全部覆盖。另有少见深色型。
在北京越冬，见于低山丘陵、林缘地带、荒地农田。常单独活动，较其他鵟属猛禽多见振翅悬停于空中。主要捕食小型啮齿类，偶尔亦捕食野兔、石鸡、环颈雉等鸟类。

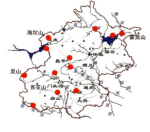

L55cm
WS136cm

普通鵟 *Buteo japonicus* Eastern Buzzard

鹰形目 鹰科　土豹　　　　　　　　　　　　　　Ⅱ

韩冬 摄

宋晔 摄

娄方舟 摄

中型鹰科猛禽。虹膜深色，头、颈短显浑圆，成鸟上体偏棕褐色。飞行时可见翼下腕斑，初级飞羽基部翼窗不明显，翼指5枚；下体皮黄色，腹部有褐色横带，胸部不及大鵟宽阔。跗跖不被毛，有别于北京其他两种鵟。未成年鸟虹膜色浅，下体色浅，具不连贯褐色纵纹。

迁徙季大量过境北京，可集上百只大群。秋冬季多见于在开阔旷野、农田、荒地之上高空盘旋。主要以小型啮齿类为食，亦食小型两栖爬行动物、大型昆虫。

L51cm
WS130cm

219

大鵟 *Buteo hemilasius* Upland Buzzard

鹰形目 鹰科　花豹 豪豹　　　　　　　　　　　Ⅱ

李兆楠 摄　孙少海 摄

中型鹰科猛禽，国内体型最大的鵟。头、颈部尖细，虹膜色浅，显眼神凶狠。北京通常所见上体暗褐色，飞行时可见翼下腕斑，初级飞羽基部翼窗显著，翼指5枚；下体褐色，具一条宽阔的白色胸带，胸部宽阔而有力。跗跖大部分被羽。另有深色型和浅色型。

北京可见其在农田、荒地、旷野、山区水边高空盘旋。主要以各种雉类和啮齿类为食。

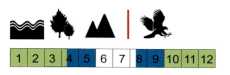

L62cm
WS152cm

大鵟 *Buteo hemilasius* Upland Buzzard

dark morph

鸮形目 STRIGIFORMES

鸮
头圆嘴短，面盘较圆，尾羽亦短圆，眼睛很大，位置靠前。有的种类头顶前端两侧有耳羽簇。

犀鸟目 BUCEROTIFORMES

戴胜
具明显冠羽，嘴长而下弯。飞行呈波浪状。

佛法僧目 CORACIIFORMES

三宝鸟
身体粗壮，嘴大且嘴基阔。

翠鸟、鱼狗
头大，嘴长而尖，脚短。

啄木鸟目 PICIFORMES

啄木鸟
脚趾两趾向前两趾向后，善于在树上攀爬，喙长且坚硬，适于啄树。飞行呈波浪形。

隼形目 FALCONIFORMES

隼
都为小至中型猛禽，喜栖息于旷野。翅形为三角形，翼尖收拢，没有其余日行性猛禽所具备的明显翼指。在脸部，隼属猛禽虹膜为深黑色，很多种类在眼下可见深色髭纹或称鬓斑。除喙端部下弯带钩外，上喙中部还具一坚硬的小齿突。

日本鹰鸮（北鹰鸮） *Ninox japonica* Northern Boobook

鸮形目 鸱鸮科　青叶鸮　鹰鸮　　　　　　　　　　Ⅱ

张明 摄

宋晔 摄

中型偏小，体型修长似鹰样的褐色鸮。虹膜亮黄色，嘴铅灰色。头部发蓝灰色，显小，无耳羽簇。上体深褐，下体白色，具宽阔卵圆形棕色斑点，或连成粗纵纹。脚黄色。北京地区有繁殖和过境。见于林缘地带柏树林，偶至城市公园、大学校园中。多于黄昏和夜间单独活动，有时白天亦偶有活动。常于空中追捕小鸟和昆虫为食，亦食鼠类、蛙类。营巢于天然树洞穴中，也利用鸳鸯和啄木鸟的旧洞。每巢产卵 3~5 枚。叫声为两三声的"whoop"声。

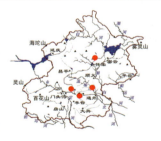

| 1 | 2 | 3 | 4 | 5 | 6 | 7 | 8 | 9 | 10 | 11 | 12 |

L30cm

北领角鸮 *Otus semitorques* Japanese Scops Owl

鸮形目 鸱鸮科　日本角鸮　领角鸮

II

王瑞卿 摄

娄方舟 摄

整体偏灰的小型鸮，较红角鸮稍大。虹膜红色，亦有别于红角鸮。具耳羽簇呈角状，喉部有一圈淡棕色羽领。上体灰褐色，下体灰白色或皮黄色，缀有粗而显著的黑色羽干纹和虫卵状白色圆斑。全脚被羽。鸣叫声为低沉的"whool"声，间隔时间较长。曾多以为是北京地区夏候鸟，实为留鸟。见于山区阔叶林和混交林、山麓林缘附近。常单独活动，夜行性。主要以小型啮齿类和昆虫为食。营巢于天然树洞内，或利用啄木鸟废弃的旧树洞。每巢产3~4枚白色卵。

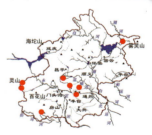

L24cm

红角鸮（东方角鸮） *Otus sunia* Oriental Scops Owl

鸮形目 鸱鸮科　　王刚哥　夜猫子　　　　　　　　　　　　　　Ⅱ

宋晔 摄

桑新华 摄

brown morph 洪苑萍 摄

小型鸮。虹膜黄色，具耳羽簇呈角状。有两种色型，通常所见羽色大都灰褐色，满杂以黑褐色虫蠹状细纹和散布的棕色、白色斑点。下体具粗重的黑色羽干纹。跗跖被羽至趾基部，而趾无羽。另有棕色型，周深棕栗色，仅腹部与肩部发白。

通常单独活动，夜行性，夏季傍晚时分开始鸣叫。叫声为"tuner-tuntun"或"王—刚哥"声，持续时间相当长，甚至整夜不停。见于山地和平原的阔叶林、混交林，有时也到大学校园、城市公园中。主要以小型啮齿类和昆虫为食。营巢于树洞中，每巢产3~6枚白色卵。

L18cm

雕鸮 *Bubo bubo* Northern Eagle Owl

鸮形目 鸱鸮科　恨狐　　　　　　　　　　　　Ⅱ

刘玉平 摄

贾云国 摄

体型巨大的鸮。眼大而圆，虹膜橘色或金黄色，头顶有一大块斑驳黑斑。耳羽簇特别发达，显著突出于头顶两侧，通体羽色黄褐色，上体具黑色斑点和纵纹。下体色浅具细密不显著横纹，胸和两胁具黑色纵纹。全脚被羽。

常单独活动，夜行性。见于山区林地、荒野、平原及裸岩峭壁等远离人群的偏僻之地。鸣声为沉重的"bo-bo"声，带有颤音。主要以鼠类为食，也吃兔等小型兽类、鸟类，甚至其他猛禽（苍鹰、短耳鸮等）。营巢于树洞、悬崖峭壁下的凹处，每巢产卵 2~5 枚，卵白色。

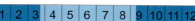

L70cm

灰林鸮 *Strix nivicolum* Himalayan Owl
鸮形目 鸱鸮科　　　　　　　　　　　　　　　　　Ⅱ

ad. 李兆楠 摄

juv. 万绍平 摄

中型偏大的灰褐色鸮。虹膜深褐色，嘴牙黄色。无耳羽簇，面盘明显，两眼间有近白色"X"形图案。上体暗灰褐色，具棕色与褐色杂斑，下体白色或皮黄白色，胸、腹部具浓重的褐色纵纹和细小虫蠹纹。全脚被羽。

繁殖于北京山地阔叶林和混交林中。多单独活动，夜行性。鸣声为响亮的"呼-呼"声，不断重复。主要以啮齿类为食，亦食小型鸟类、蛙类、小型兽类和昆虫。主要营巢于树洞中，有时也在岩石下面的地上营巢或利用鸦类巢。通常5月初幼鸟陆续离巢。

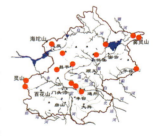

  |

| 1 | 2 | 3 | 4 | 5 | 6 | 7 | 8 | 9 | 10 | 11 | 12 |

L40cm

长耳鸮　*Asio otus*　Long-eared Owl

鸮形目 鸱鸮科　长耳木兔儿　长耳猫头鹰　　Ⅱ

张明 摄

长耳鸮及其食丸（小图）　高翔 摄

中型鸮。虹膜橘红色，头顶两侧具发达耳羽簇，竖直如耳。棕黄色圆形面盘显著，中央区域有浅色羽近"X"形。胸、腹部皮黄色，有黑褐色不连贯纵纹和小横纹。飞行时耳羽簇不可见，翼下初级飞羽有多道横纹，有别于短耳鸮。全脚被羽。幼鸟面部黑色。白天多见其立于柏树或柳树之上。夜行性，主要以鼠类为食，食物匮乏时也食小型鸟类或翼手类。天坛公园曾持续多年有稳定越冬记录，多可至数十只，近些年数量锐减，甚至整个冬季未有记录。而近些年亦在北京发现有繁殖记录，值得进一步关注。

| 1 | 2 | 3 | 4 | 5 | 6 | 7 | 8 | 9 | 10 | 11 | 12 |

L36cm

短耳鸮 *Asio flammeus* Short-eared Owl

鸮形目 鸱鸮科　小耳木兔儿　　Ⅱ

吴健晖 摄

李兆楠 摄

中型鸮。虹膜亮黄色，嘴黑色，眼周黑色，面盘明显。耳羽簇短，野外常不可见。上体黄褐色，满布黑褐色和黄色的杂斑。下体土黄色，具黑色羽干纵纹。飞行时翼下初级飞羽通常仅有两道较粗横纹，有别于长耳鸮。全脚被浅色毛。

冬季在北京越冬，见于平原旷野或郊区沼泽湿地附近的开阔荒地、农田中。多在黄昏和晚上活动和猎食，但也会在白天活动，平时多栖息于干草丛中，很少栖于树上。主要以鼠类为食，亦食昆虫、蛙类和小型鸟类。

| 1 | 2 | 3 | 4 | 5 | 6 | 7 | 8 | 9 | 10 | 11 | 12 |

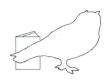

L38cm

纵纹腹小鸮　*Athene noctua*　Little Owl

鸮形目 鸱鸮科　小鸮 夜猫子

II

李兆楠 摄

宋晔 摄

小型鸮，北京最常见的猫头鹰。虹膜亮黄色，嘴黄绿色。面盘不明显无耳羽簇。上体棕色偏灰，头顶具白色小斑点，两眼间及眼上、下为灰白色。下体棕白色而有褐色纵纹，下腹部至臀部和覆腿羽白色。脚被毛。
北京见于低山、林缘，也到村庄附近及农田活动乃至居民区。不同于大多数鸮昼伏夜出，其白天亦有活动。常发出"goooek"声，拖长而上扬。主要以鼠类、昆虫、小型鸟类等为食。巢置于树洞、建筑物屋檐孔洞等处，每巢产卵 3~5 枚。

1	2	3	4	5	6	7	8	9	10	11	12

L23cm

戴胜 *Upupa epops* Eurasian Hoopoe

犀鸟目 戴胜科　　臭姑鸪 山和尚 呼哱哱　　　　　　　三京

宋晔 摄

整体呈棕黄色，辨识度极高。嘴黑色，细长而略带弧度，常被误以为是啄木鸟。额至枕部有甚长的棕黄色冠羽，羽端缀黑，平时合拢，兴奋时打开呈扇形。两翼黑白条纹相间，飞行时黑白斑斓交错，甚为花哨。尾黑色，中部有一道白色横斑。脚黑色。

在山地的林缘、平原城区、公园中均可见。飞行时呈起伏的波浪式前进。常在地面行走觅食，以地表和表层以下的昆虫及其幼虫为食。营巢于树洞中。在育雏期间，亲鸟不予清理粪便，加之雌鸟尾部腺体会排除一种油状液体，致使禽气味很臭，民间有"臭姑鸪"之称。叫声为有明显停顿的"呼，咕，咕"。

| 1 | 2 | 3 | 4 | 5 | 6 | 7 | 8 | 9 | 10 | 11 | 12 |

L30cm

三宝鸟 *Eurystomus orientalis* Oriental Dollarbird

佛法僧目 佛法僧科　老鸹翠 佛法僧　　　　　　　　　三京

ad.（左）imm.（右）李兆楠 摄

色彩绚丽,全身羽色大部分为暗铜蓝绿色,光线弱时显黑。头大而扁平,嘴短而宽,呈朱红色。头部色黑,喉中部呈蓝黑色。上体和翼上覆羽暗铜绿色。飞羽蓝黑色,具一道显著的天蓝色斑块,下体暗铜绿色。脚朱红色。叫声粗砺。

常单独或成对活动,繁殖于北京山地林缘或平原密林,飞行姿势颠簸不定,上下翻飞,捕食飞行昆虫。营巢于树洞中,或占用高大茂密树冠的鹊巢。

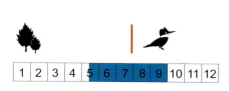

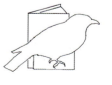

L29cm

蓝翡翠 *Halcyon pileata* Black-capped Kingfisher

佛法僧目 翠鸟科　　秦椒嘴 喜鹊翠　　　　　　VU 三京

中型翠鸟科鸟类。嘴粗长壮硕，呈珊瑚红色。头部黑色，后颈、喉、胸部白色相连，形成一宽阔的白色领环。背、腰及尾部钴蓝色。飞羽黑褐色具蓝色羽缘，初级飞羽内侧基部有一大块白斑。翼下覆羽与腹部橘黄色相连。脚红色。

栖息于林中溪流，山脚与平原地带的河流、水塘和沼泽地带。常在水边的乔木上休息。主要以小型鱼类、虾和昆虫为食。筑巢于水域岸边土洞，每巢卵3~4枚，呈白色。

| 1 | 2 | 3 | 4 | 5 | 6 | 7 | 8 | 9 | 10 | 11 | 12 |

L29cm

冠鱼狗 *Megaceryle lugubris* Crested Kingfisher

佛法僧目 翠鸟科　水葱花 花鱼狗 花钓鱼郎　三

M. 凤象 摄

F. 李兆楠 摄

大型翠鸟科鸟类。雄鸟嘴长而强直呈灰黑色，头、羽冠、上体、两翼和尾羽为黑白斑驳相间的横斑或斑点，颈侧后有一白色领环，翼下覆羽白色，有别于雌鸟。下体白色，具一黑白斑的宽阔胸带并沾棕黄色。脚黑色。雌鸟似雄鸟，胸带无棕黄色，翼下覆羽棕黄色。

多栖于山脚下河道处或山涧溪流边的树干、电线上，伺机捕鱼。营巢于岸边陡岩和峭壁上，为洞巢，每巢卵 3~5 枚，呈白色。

| 1 | 2 | 3 | 4 | 5 | 6 | 7 | 8 | 9 | 10 | 11 | 12 |

L40cm

斑鱼狗 *Ceryle rudis* Pied Kingfisher
佛法僧目 翠鸟科　花斑钓鱼郎

贺建华 摄

中型翠鸟科鸟类，形似冠鱼狗而较小。雄鸟头顶冠羽较短，白色眉纹显著并延至枕部。上体布黑白色杂斑，飞翔时可见翼上显著的白色斑块。尾羽黑色，尾基和尾端白色。下体白色，具两条黑色胸带，雌鸟似雄鸟，仅具一条不连贯的胸带。
国内主要分布于南方，近年多有北扩趋势。在北京见于郊区或城区的较大开阔水面。可于空中悬停，伺机捕鱼。

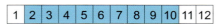

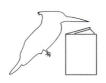

L28cm

普通翠鸟 *Alcedo atthis* Common Kingfisher

佛法僧目 翠鸟科　鱼狗 小翠儿 翠雀儿　　　　　三京

M. 张代富 摄

F. 李兆楠 摄

小型翠鸟科鸟类。雄鸟嘴直而细长呈黑色，耳后颈侧为白色，眼下及耳羽橘黄色。额至后颈暗蓝绿色，具淡绿色斑点，上体为辉翠绿色或蓝绿色。下体除颏、喉部白色外其余橘黄色，脚红色。雌鸟似雄鸟，下嘴为橘红色。

见于平原的大部分水域，筑巢于河岸、堤基的土坡洞穴中，每巢卵4~10枚。主要以小鱼、虾和水生昆虫为食。捕鱼时疾速直扎水中，用嘴迅速捕获而去，停落后衔鱼摔打至不动，而后吞食。

| 1 | 2 | 3 | 4 | 5 | 6 | 7 | 8 | 9 | 10 | 11 | 12 |

L16cm

蚁䴕 *Jynx torquilla* Wryneck
啄木鸟目 啄木鸟科　　蛇皮鸟 地啄木 歪脖儿　　　　　　　三京

浅灰色的小型啄木鸟。虹膜黄褐色，具一道褐色贯眼纹。嘴尖细。头及上体至尾淡灰色具细小的黑白斑点和横纹，背部中央缀以黑色"开裂状"纵纹，似灰色树皮的开裂。喉部皮黄色，有细横纹，胸、腹部近白色，横纹渐断续细数稀。翼褐色具黑白色斑点。

通常单独活动，迁徙季见于低山和平原的疏林地带。常于地面取食蚂蚁，有时亦立于树枝上，良久不动。其并不同于其他啄木鸟攀树，也不錾啄树干，会做出头部往两侧连续扭动的特殊行为。

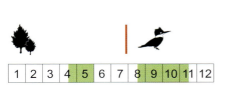

L19cm

星头啄木鸟

啄木鸟目 啄木鸟科

Picoides canicapillus
Grey-capped Pygmy Woodpecker

火点嗉打儿木　小嗉打儿木

三京

李兆楠 摄

李兆楠 摄

小型黑白两色的啄木鸟。嘴短小有力。雄鸟头顶两侧具红色星点细纹，野外不易观察到。额至枕部黑色，耳羽淡棕褐色。背部黑色，中央具白色斑块。两翼亦黑色，杂以白斑。下体皮黄色具黑褐色细纵纹。北京常见的3种啄木鸟之一。在山区和平原城市的林中皆可见到。主要以蚂蚁、鞘翅目和鳞翅目的昆虫及其幼虫为食。营巢于心材腐朽的树干上，巢位较高。

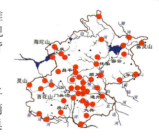

| 1 | 2 | 3 | 4 | 5 | 6 | 7 | 8 | 9 | 10 | 11 | 12 |

L16cm

小星头啄木鸟

Picoides kizuki
Japanese Pygmy Woodpecker

啄木鸟目 啄木鸟科　小火点嗒打儿木

贺建华 摄　　贺建华 摄

小型黑白两色的啄木鸟，颇似星头啄木鸟。雄鸟头顶两侧各有一条红色细纹。头顶和耳羽灰褐色与白色的眉纹、颊纹和颈侧形成对比。背部和两翼黑色，具显著的白色横纹，有别于星头啄木鸟。喉部白色，其余下体灰白色，胸部多沾灰褐色具纵纹，腹部有不明显横纹。雌鸟枕侧无红色细纹。我国主要分布于东北、河北、山东地区。北京见于东北部（密云）山地林中。主要以各类昆虫为食，偶尔亦食植物果实和种子。营巢于杨树、水曲柳等心材腐朽的阔叶树上。

| 1 | 2 | 3 | 4 | 5 | 6 | 7 | 8 | 9 | 10 | 11 | 12 |

L15cm

棕腹啄木鸟

啄木鸟目 啄木鸟科

Dendrocopos hyperythrus
Rufous-bellied Woodpecker

花背锛打儿木

三京

M. 赵和平 摄

F. 宋晔 摄

中型啄木鸟。雄鸟头顶深红色，脸颊白色，背部黑色，具白色横斑。两翼亦为黑色密布白色斑点。耳羽、颈、胸、腹皆为橘黄色，尾下覆羽深红色。尾黑色，外尾羽具白斑。雌鸟似雄鸟，头顶为黑色具细小白点。

迁徙季于平原地区的公园、疏林中可见，多为单只。主要以昆虫为食，多为蚂蚁、蜻象等。

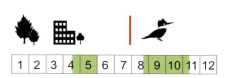

L22cm

白背啄木鸟

Dendrocopos leucotos
White-backed Woodpecker

啄木鸟目 啄木鸟科

三京

M. 娄方舟 摄

F. 赵云天 摄

中型黑白两色的啄木鸟，似大斑啄木鸟而稍大。雄鸟头顶至枕部朱红色，额、颊白色。上体及两翼黑色，下背具白色不规则斑块，肩部亦有小块白斑。下体近白色，具显著的黑色纵纹，有别于大斑啄木鸟。尾下覆羽沾粉红色。雌鸟似雄鸟，但头顶黑色。北京见于东北部和西部海拔较高的山区的林缘次生林和疏林地带。常单独或成对活动。主要以鞘翅目和鳞翅目昆虫及其幼虫为食。秋冬季也食植物果实和种子。营巢于阔叶树，每巢产卵3~6枚，卵白色。

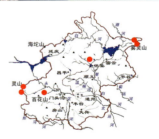

| 1 | 2 | 3 | 4 | 5 | 6 | 7 | 8 | 9 | 10 | 11 | 12 |

L26cm

大斑啄木鸟 *Dendrocopos major* Great Spotted Woodpecker

啄木鸟目 啄木鸟科　　斑啄木鸟 大斑啄木 花啮打儿木　　**三京**

F. 徐越平 摄

M. 李兆楠 摄

中型黑白两色的啄木鸟。雄鸟枕部具红色斑块。眉纹和颈侧呈纯白色或沾淡棕色，上体及两翼黑色，肩部具显著大块白斑，较白背啄木鸟更大。下体污白或沾淡棕褐色，尾下覆羽红色。雌鸟枕部无红块斑。幼鸟似成鸟，但顶部红色。

北京常见的 3 种啄木鸟之一。在山区和平原城市的林中皆可见到。飞行呈波浪式前进。主要以鞘翅目和鳞翅目等各种昆虫为食，秋冬季也食植物果实和种子。每年开凿新树洞为巢，每巢卵 3~6 枚，呈白色。

L23cm

灰头绿啄木鸟　　*Picus canus*　Grey-headed Woodpecker

啄木鸟目　啄木鸟科　　绿啄木鸟　黑枕绿啄木鸟　绿嗒打儿木　　**三京**

M. 李兆楠 摄

F. 李兆楠 摄

中型偏大的绿色啄木鸟。雄鸟额部鲜红色，枕部灰黑色。其余头、颈、下体灰色。上体及两翼覆羽灰绿色，飞羽灰褐色，具白色斑点。雌鸟似雄鸟，额部不红。叫声好似奸诈的笑声。

北京常见的 3 种啄木鸟之一。常单独或成对活动，栖息于低山、平原城市、公园中。飞行呈波浪式前进。常在树干的中下部或地面取食昆虫，主要为蚂蚁。秋冬季也食植物果实和种子。营巢于树洞中，每巢卵 3~6 枚，呈白色。

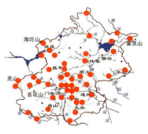

L29cm

243

黄爪隼 *Falco naumanni* Lesser Kestrel

隼形目 隼科　紫背燕 草原隼　　　　　　　　　Ⅱ

M. 孙少海 摄

F. 宋晔 摄

M. 宋晔 摄

中型隼。本种爪白色微黄，为其标志性特征，区别于红隼。眼下髭纹不明显。雄鸟头部和翼上大覆羽纯灰蓝色，背部砖红色无斑。下体淡砖红色具少量黑色斑点。飞行时可见翼下较红隼雄更为洁白；通常最外侧第2、3枚初级飞羽长度有差异，有别于红隼；中央尾羽凸出，呈楔形尾，并具宽阔黑色次端斑。雌鸟和未成年鸟都极似红隼。仅迁徙季零星见于北京。主要以虫为食，亦食啮齿动物、蜥蜴、蛙、小型鸟类等。常在空中捕食昆虫，少见其在空中悬停。

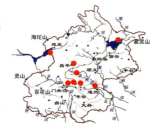

| 1 | 2 | 3 | 4 | 5 | 6 | 7 | 8 | 9 | 10 | 11 | 12 |

L29cm
WS63cm

红隼 *Falco tinnunculus* Common Kestrel
隼形目 隼科　鹞子 红鹞子　　　　　　　　　　　Ⅱ

M. 颜晓勤 摄

M. 王瑞卿 摄

F. 宋晔 摄

中型隼，北京最常见的猛禽。雄鸟头部蓝灰色，眼下髭纹较显著，背部淡砖红色缀以黑色斑点。下体皮黄色缀以黑色不连贯纵纹。飞行时可见翼下覆羽密布黑色斑点，尾羽不及黄爪隼凸出，具宽阔黑色次端斑。爪黑色。雌鸟上体红褐色密布深色横斑，头部同背色，尾羽具多道暗色细横纹和宽阔黑色次端斑。

常单独或成对活动于各种生境乃至城市楼宇之间，适应性极强。常见其在空中悬停，捕食小型啮齿类、鸟类和大型昆虫。营巢多样，既可在城区楼宇之间、悬崖土坡之上，也会占鸦科鸟类旧巢。

1	2	3	4	5	6	7	8	9	10	11	12

L32cm
WS71m

红脚隼（阿穆尔隼） *Falco amurensis* Amur Falcon

隼形目 隼科　青燕子 青鹰 红腿鹞子　　　　　　　　　Ⅱ

imm. 宋晔 摄

M. 宋晔 摄

M. 李兆楠 摄

F. 宋晔 摄

中型隼。雄鸟头和上体深灰色，眼圈、蜡膜、脚及尾下覆羽橘红色。飞行时可见白色的翼下覆羽与黑色的飞羽对比明显。雌鸟对应的橘红色位置不及雄鸟鲜艳，上体具鳞状横纹，胸、腹部白色，具矛状横纹，翼下满布斑纹。未成年鸟似燕隼的头部图案而稍弱，胸部具杂乱纵纹。

在北京迁徙季过境量大，亦有繁殖。营巢于疏林中高大茂盛的乔木顶端，也占喜鹊巢。每巢产卵 3~5 枚。主要以昆虫为食，有时也捕食小型鸟类、蜥蜴、蛙、鼠类等小型脊椎动物。

L28cm
WS67cm

灰背隼 *Falco columbarius* Merlin

隼形目 隼科　　冷剋子 鸽子鹰　　　　　　　　　　Ⅱ

M. 宋晔 摄

F. 张建国 摄

中型隼。雄鸟头顶及上体为明快的青灰色，并缀以黑色羽干纹。下体乳白色染黄色，具深色稀疏细纵纹。雌鸟似红隼，但整体更偏红棕褐色。具明显白色眉纹。

在北京越冬，见于平原旷野、荒地农田等开阔地带。野外观鸟时，常因体小且低空飞行速度奇快，以致不能看清。善于低空飞掠夺地面追捕小型鸟类，亦食昆虫、小啮齿类等。

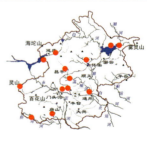

L28cm
WS63cm

燕隼 *Falco subbuteo* Eurasian Hobby

隼形目 隼科　青燕 青条子 鬼脸剁子 燕虎　　　　Ⅱ

imm. 李兆楠 摄

ad. 李兆楠 摄

中型隼。成鸟头顶黑色，从眼下和耳部伸出两道较粗重的髭纹，酷似"头盔"。上体灰黑色，两翼狭长如雨燕，停落时可过尾。胸、腹部具粗壮的黑色纵纹，下腹、尾下覆羽、覆腿羽锈红色。未成年鸟似成鸟而上体灰褐色，具淡色羽缘，尾下覆羽无锈红色。

常单只或成对活动于开阔旷野、农田、湿地疏林。飞行快速而敏捷，甚至能捕捉燕和雨燕，也常捕捉空中的昆虫、小型鸟类和蝙蝠。通常自己很少营巢，而是占据乌鸦或喜鹊的巢。

| 1 | 2 | 3 | 4 | 5 | 6 | 7 | 8 | 9 | 10 | 11 | 12 |

L30cm
WS78cm

猎隼 *Falco cherrug* Saker Falcon

隼形目 隼科　兔虎 白鹰

EN Ⅰ

ad. 宋晔 摄

imm. 杜松翰 摄

ad. 徐永春 摄

大型隼。成鸟整体羽色较浅，眼下可见清晰髭纹。上体多褐色，下体近白色，胸、腹部具黑褐色点状斑。脚黄色。未成年鸟上体褐色深沉，下体满布褐色纵纹，脚淡蓝灰色，似游隼未成年鸟，但髭纹不重，尾下覆羽无纹，可与之区别。

在北京越冬，亦有少量迁徙过境。栖于山区开阔地带、水库周边农田荒地。性凶猛，会驱赶其他接近领域的大型猛禽，捕食野兔、鼠类和各种鸟类，民间有"兔虎"之称。

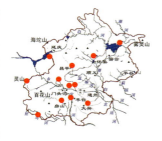

L52cm
WS115cm

| 1 | 2 | 3 | 4 | 5 | 6 | 7 | 8 | 9 | 10 | 11 | 12 |

游隼 *Falco peregrinus* Peregrine Falcon
隼形目 隼科　鸭虎 花梨鹰　　　　　　　　　　　　　Ⅱ

imm. 杜松翰 摄

ad. 李兆楠 摄

大型隼，为鸟类速度纪录的保持者。成鸟黄色眼圈显著。头顶黑褐色，髭纹甚为粗重，如"头盔"状，抑或整个头部全黑色。上体黑褐色，飞行时可见两翼较其他隼类更宽，尾部较方正，胸、腹部皮黄色或白色，具黑色细密横纹。脚大且粗壮，呈黄色。未成年鸟髭纹不及成鸟粗重，亦有头部皆黑者，但胸、腹部密布深色纵纹。本种诸多亚种之间情况复杂或存在较多基因交流。常单独或成对活动于郊区各种水域附近，多于空中捕食。主要以野鸭、鸥类、鸠鸽和其他大中型水鸟为食，亦捕食啮齿类。

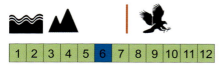

L45cm
WS100cm

雀形目 PASSERIFORMES

(黄鹂科 – 鸦科)

黄鹂
体色鲜艳，中国分布的种类多为亮黄色，嘴略下弯。常活动于树木上层。

山椒鸟　鹃鵙
嘴短而阔，尾较长，常在树木的中上层单独或成群活动，较少鸣叫。

卷尾
灰色或黑色的中等大小雀形目鸟。嘴略下弯，尾长，叉形或卷曲。性情凶猛，常攻击进入领地的其他鸟类。

寿带
嘴强壮，雄鸟尾甚长，外形与行为都与鹟类似。

伯劳
性凶猛的雀形目鸟，嘴强壮，前端带钩似猛禽，爪亦强健。华北的各种伯劳均具过眼纹。常站立于显眼处，猛扑捕食大型昆虫、小型鸟类、两栖爬行动物及小型哺乳动物。

鸦　鹊
大型雀形目鸟。多数种类嘴、脚俱粗壮，杂食性。雌、雄性相像。叫声刺耳、响亮。喜集群，攻击性强，常围攻骚扰猛禽。

黑枕黄鹂 *Oriolus chinensis* Black-naped Oriole
雀形目 黄鹂科 黄鹂 黄莺   三京

ad. M. 赵云天 摄

juv. 赵云天 摄

整体金黄色的中型鸣禽。虹膜红色，嘴大呈粉红色。羽色金黄，宽阔的黑色贯眼纹延伸至头枕部。两翼飞羽多黑色。尾羽亦黑，除中央尾羽全黑外，两侧逐步具较宽黄色端斑。脚色灰。雌鸟似雄鸟而体色偏黄绿色。未成年鸟背部黄绿色，下体近白色具黑色纵纹。

常单独或成对活动，有时也见松散小群。多繁殖于北京低山丘陵和山脚平原地带的茂密乔木上。主要在高大乔木的树冠层活动，很少到地面。捕食大量昆虫，亦食浆果。营巢于树上呈吊篮状。每巢产卵约4枚，呈粉红色缀以紫红色斑点。

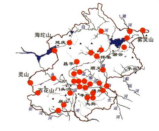

| 1 | 2 | 3 | 4 | 5 | 6 | 7 | 8 | 9 | 10 | 11 | 12 |

L25cm

长尾山椒鸟

Pericrocotus ethologus Long-tailed Minivet

雀形目 山椒鸟科　　宾红燕 红十字鸟　　　　三京

M. 蔡震波 摄

F. 蔡震波 摄

体型纤细修长，雌雄黄、红两色的小型鸣禽。雄鸟头至背部亮黑色，喉亦黑色。下背至尾上覆羽及下体红色。两翼黑色，具独特形状的大块红色翼斑。尾长，中央尾羽黑色，外侧红色。雌鸟头部灰色，喉部灰白色，对应雄鸟红色位置为柠檬黄色。常结小群活动，叫声尖锐单调，边飞边鸣。在觅食于树上，很少下到地面或低矮的灌丛中。迁徙季过境北京城区，并在海拔1000m以上的山地森林中繁殖。巢呈杯状，每巢产卵 2~4 枚。

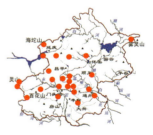

| 1 | 2 | 3 | 4 | 5 | 6 | 7 | 8 | 9 | 10 | 11 | 12 |

L18cm

小灰山椒鸟 *Pericrocotus cantonensis* Swinhoe's Minivet

雀形目 山椒鸟科

李兆楠 摄

体态修长的灰褐色小型鸣禽，似灰山椒鸟。雄鸟前额至头顶白色，白色区域延伸至眼后，形成一短眉纹。上体深灰色，两翼黑褐色。下体污灰色，较灰山椒鸟显脏。雌鸟似雄鸟而色淡，且前额不白。

国内主要分布于南方。北京夏季可见成小群活动于低山丘陵和山脚疏林地带。有时亦见在树丛间飞翔，边飞边鸣，鸣声清脆。主要以昆虫为食。

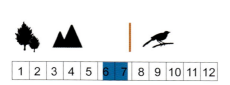

L19cm

灰山椒鸟 *Pericrocotus divaricatus* Ashy Minivet

雀形目 山椒鸟科　　宾灰燕儿 灰十字鸟

体态修长的灰色小型鸣禽。雄鸟前额白色且不过眼，有别于小灰山椒鸟。头顶后部黑色，上体及翼上覆羽灰色，飞羽黑色。下体白色显干净。雌鸟似雄鸟而灰色更浅，且前额不白。

迁徙季可见单只或集小群过境北京平原地区，活动于树冠层，边飞边鸣，鸣声尖锐。主要以鞘翅目、鳞翅目等昆虫为食。

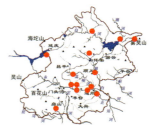

| 1 | 2 | 3 | 4 | 5 | 6 | 7 | 8 | 9 | 10 | 11 | 12 |

L20cm

暗灰鹃鵙 *Lalage melaschistos* Black-winged Cuckooshrike

雀形目 山椒鸟科 黑翅山椒鸟

三

娄方舟 摄

牟宪波 摄

灰黑色中型鸣禽。嘴黑色，全身基本灰色调。两翼飞羽和尾羽亮黑色，三枚外侧尾羽的羽末有明显白色圆斑，下体色浅，脚黑色。雌鸟似雄鸟而色浅，下体具不明显横纹。国内主要分布于南方，北京见于低山林地和平原茂密乔木地带。常单独活动，多在较高的树冠层活动，很少到地面活动和觅食。主要以昆虫为食，亦食少量植物性食物。巢隐蔽于高大乔木树冠层，呈浅杯状。

L23cm

发冠卷尾 *Dicrurus hottentottus* Hair-crested Drongo

雀形目 卷尾科　山黎鸡儿　　　　　　　三 京

沈越 摄

中型鸣禽。嘴铅灰色，略下弯。额顶部具多条发丝状羽冠，可延至后颈。全身羽色绒黑，两翼和尾具明显。胸前和颈侧缀铜绿色金属光泽的斑点。尾型尤为独特，外侧尾羽末端向外弯曲的同时且向内上方内卷。脚黑色。

通常单只或成对出现，很少成群。主要在树冠层活动和觅食。迁徙季过境北京城区，并繁殖于海拔700~1500m的山区或丘陵地带。营巢于高大乔木，巢呈深盘状。

L30cm

黑卷尾 *Dicrurus macrocercus* Black Drongo

雀形目 卷尾科　　篱鸡儿 黎鸡儿 铁燕子　　　　　　　　　　三 京

徐永春 摄

辉黑色的中型鸣禽。通体辉黑色，上体及两翼具铜绿色金属光泽。外侧尾羽向外弯曲，呈明显的叉状尾。胸部亦具铜绿色金属光泽。脚暗黑色。未成年鸟下体具浅色横纹。

北京见于低山林地、郊区村庄附近，不甚惧人。鸣声粗砺，于黎明时分连续鸣叫，故又有"黎鸡儿"之称。繁殖期凶猛好斗，驱赶其领地内的其他鸦科鸟类及猛禽。巢常置于榆、柳等树上，呈盘碗状，每巢产卵3~4枚。

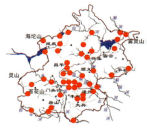

L27cm

寿带 *Terpsiphone incei* Amur Paradise Flycatcher

雀形目 王鹟科　　练鹊　长尾巴练儿　　　　　三 京

F. 沈越 摄

brown morph M. 李兆楠 摄

white morph M. 沈越 摄

形态羽色让人过目不忘。雄鸟嘴和眼圈闪辉蓝色。头、冠羽和喉部呈蓝黑色略具金属光泽。上体和尾栗色，其中两根中央尾羽极度延长。胸部污灰，向下逐渐近白。雌鸟似雄鸟，但无延长的中央尾羽。另有白色型雄鸟，除头部蓝黑色外全身纯白色。迁徙季过境北京城区，繁殖于低山林地、山麓水边的茂密树林之中。常单独或成对活动，飞行飘逸，极少落地。主要以昆虫为食。营巢于高大乔木之上，巢呈圆锥形，距地面较高。

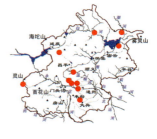

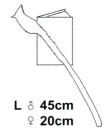

L ♂ 45cm
　♀ 20cm

| 1 | 2 | 3 | 4 | 5 | 6 | 7 | 8 | 9 | 10 | 11 | 12 |

虎纹伯劳 *Lanius tigrinus* Tiger Shrike

雀形目 伯劳科　（音）护巴喇　虎伯劳　花伯劳　　**三 京**

王瑞卿 摄

体型较小的伯劳。雄鸟嘴粗壮，具宽阔粗重的黑色贯眼纹。头顶至后颈灰色，其余上体栗棕色，并杂以深色鳞纹。下体近纯白色。脚铅灰色。雌鸟似雄鸟，眼先色浅，两胁具鳞纹。

性凶猛，常单独或成对活动于低山区的疏林边缘，立于树上枯枝顶端。主要以昆虫为食，亦捕食小型鸟类。在北京有繁殖，营巢于中山区荆棘灌丛中或洋槐等阔叶树，亦是四声杜鹃巢寄生的宿主之一。

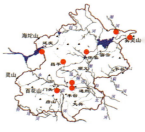

L18cm

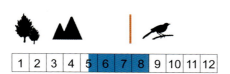

牛头伯劳 *Lanius bucephalus* Bull-headed Shrike

雀形目 伯劳科　红头伯劳

F. 李兆楠 摄

M. 李强 摄

中型伯劳，较其他伯劳头部宽阔显大。雄鸟贯眼纹黑色，眉纹白色，嘴略显短小。头顶至后颈栗棕色，背部灰褐色。两翼深色，具一小块白色斑。尾黑色。喉近白色，其余下体多为栗棕色。雌鸟似雄鸟，然眼先色浅，耳羽棕色。下体密布深色鳞纹，无白色翼斑。

性活跃，常单独或成对活动于山地稀疏阔叶林或针阔混交林的林缘地带。主要以昆虫和小型鸟类为食。在北京繁殖于海拔1200m以上的山柳、杨树、桦树和次生落叶松林中。迁徙季亦见于城区。

| 1 | 2 | 3 | 4 | 5 | 6 | 7 | 8 | 9 | 10 | 11 | 12 |

L20cm

红尾伯劳 *Lanius cristatus* Brown Shrike

雀形目 伯劳科 （音）护巴喇 土伯劳 虎伯劳   三京

L.c.cristatus F. 吴秀山 摄

L.c.cristatus M. 吴秀山 摄

体型中等，北京最常见的伯劳。雄鸟具黑色贯眼纹和白色眉纹，上体棕红色调，下体多沾淡橘色，两胁尤甚。雌鸟较雄鸟色淡，眼先色浅，胸部和两胁具细鳞纹。其4个亚种在北京均有记录：指名亚种 *L.c.cristatus* 头顶至背部为暗棕红色；东北亚种 *L.c.confusus* 头顶棕色浅淡，前额发白，背色棕灰，眉纹狭窄；日本亚种 *L.c.superciliosus* 头顶至背部为鲜亮的栗红色，眉纹与额带甚宽；普通亚种 *L.c.lucionensis* 头顶灰色，背深灰至灰褐色，其眉纹显著，有别于灰背伯劳。

| 1 | 2 | 3 | 4 | 5 | 6 | 7 | 8 | 9 | 10 | 11 | 12 |

L19cm

红尾伯劳 *Lanius cristatus* Brown Shrike

常单独活动于山区和平原的稀矮树木和灌丛，主要以昆虫为食，鸣声粗粝。其中指名亚种 *L.c.cristatus*、东北亚种 *L.c.confusus*、日本亚种 *L.c.superciliosus*（亦可能有繁殖）迁徙季过境北京，普通亚种 *L.c.lucionensis* 在北京有繁殖。

灰伯劳 *Lanius borealis* Northern Shrike

雀形目 伯劳科　北寒露 灰护巴喇（音） 灰虎伯劳　　　**三京**

中大型的灰色伯劳，似楔尾伯劳而小。眼后至耳羽黑褐色，眼先黑色较弱，眉纹不显著。上体烟灰色，尾上覆羽灰白色，较浅淡，两翼黑褐色，白色翼斑较小；尾部较圆，中央尾羽不甚突出，皆有别于楔尾伯劳。下体烟灰白色，具浅鳞纹。脚黑色。北京至少存在两个亚种，其北方亚种 *L.e.sibiricus* 较东北亚种 *L.e.mollis* 灰色更浅，白色眉纹更显著。冬季见于中高海拔山地疏林、林缘灌丛地带。常单独活动，立于枯枝顶端，嗜吃小型鸟类、啮齿类。

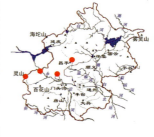

L25cm

楔尾伯劳

Lanius sphenocercus Chinese Grey Shrike

雀形目 伯劳科　长尾寒露 长尾灰伯劳　　　　　三 京

娄方舟 摄

李兆楠 摄

国内体型最大的伯劳。具黑色贯眼纹，白色眉纹较宽。头顶至尾上覆羽灰色，两翼黑色，飞行时可见大块白色斑带，停落时近乎两道翼斑，有别于灰伯劳。尾黑色，呈楔状，其中一对中央尾羽甚长，外侧尾羽白色。下体白色。脚黑褐色。

北京见于低山、平原和丘陵地带的疏林和林缘灌丛。秋冬季区域性常见于水边灌丛、苇丛中，常单独活动，立于枯枝顶端，主要以昆虫和小型鸟类、鼠类为食。

L31cm

棕背伯劳 *Lanius schach* Long-tailed Shrike

雀形目 伯劳科　　大红背伯劳

色彩明快，棕、灰、黑三色的中大型伯劳。具黑色宽阔的贯眼纹，一直延至前额。头顶至上背灰色，下背、肩、尾上覆羽、两胁皆为锈棕色，两翼和尾羽的黑色与锈棕色区域形成明快对比。停落时尾部显甚长。脚黑色。

国内主要分布于长江流域以南的广大地区，北扩趋势显著。约十余年前开始逐渐在北京出现，栖于平原农田、河流附近的灌丛、高枝、护栏电线等处。多单独活动，性凶猛，不仅善于捕食大型昆虫，也能捕杀小型鸟类、蛙类和啮齿类。

L26cm

松鸦 *Garrulus glandarius* Eurasian Jay

雀形目 鸦科　山和尚

沈越 摄

体型偏小显粗壮、整体浅棕色的鸦。嘴黑色，较短。头部红棕色，具粗重的黑色髭纹。两翼具黑、白、天蓝三色相间的闪亮斑块，极为耀目。飞行时可见白色的腰与黑色的尾羽和飞羽形成鲜明对比。脚肉色。其北京亚种 *G.g.pekingensis* 头顶黑色纵纹较细，次级飞羽基部白斑亦较小。

常单只或成对栖息于中高海拔的山区针叶林或混交林，秋季可见集十余只大群四处游荡觅食，偶有单只个体可至平原城区。性嘈杂吵闹，食性较杂。通常营巢于高大乔木顶端隐蔽处，巢呈杯状，每巢卵 3~10 枚。

L33cm

灰喜鹊 *Cyanopica cyanus* Azure-winged Magpie

雀形目 鸦科　山喜鹊 灰鹊

沈越 摄

体型比喜鹊稍小而细长的灰色鹊。成鸟头黑色，喉白色，肩、背、胸、腹部皆为灰色，两翼及尾为灰蓝色，其中一对中央尾羽显著延长并具白色端斑，飞行时尤为明显。脚黑色。幼鸟体色大多较暗，头顶花白斑驳。不甚惧人。

常集群活动，栖息于山地、田野、村庄、城区公园、居民区树木较多地带。食性杂但以动物性食物为主，兼食一些乔灌木的果实及种子。鸣声较喜鹊柔和。

L36cm

红嘴蓝鹊

Urocissa erythroryncha Red-billed Blue Magpie

雀形目 鸦科 长尾山鹊 长尾巴练

三京

李强 摄

宋晔 摄

色彩艳丽的大型鹊类。成鸟嘴呈朱红色，头、颈部至前胸黑色，头顶至枕部花白，肩、背部蓝灰色。两翼及尾蓝紫色，其两根中央尾羽甚长且具白色端斑，外侧尾羽依次渐短，末端有黑白相间的带状斑。胸部以下皆白。脚稍显暗红。幼鸟头、颈至前胸灰褐色，体色不及成鸟鲜亮。

常结小群活动，性活泼而嘈杂。栖息于山地林区，也见于城市公园中。飞行呈大波浪状，尾部飘逸。主要以昆虫等动物性食物为食，也吃植物果实、种子等。鸣声婉转多样，有时亦较嘈杂。

L51cm

喜鹊 *Pica serica* Oriental Magpie
雀形目 鸦科　花喜鹊 客鹊 鹊鸟　　　　　　　　　　　　　　三

沈漪 摄

李兆楠 摄

黑白两色显壮实的大型鹊类。成鸟除肩、腹部为白色外，其余部位皆为黑色。两翼具紫蓝色金属光泽，尾羽较长并具铜绿色金属光泽。飞行时可见初级飞羽白色但羽端黑色。幼鸟羽色似成鸟，但黑羽部分染褐色，金属光泽亦不显著。

在北京地区几乎见于各种生境。甚不惧人，常单独或结成小群活动，领域性强，可见其驱逐各种猛禽。多在地面取食，食性杂。通常营巢于高大乔木，呈球状。每巢卵4~8枚。鸣声响亮粗砺，无韵律。

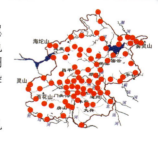

L45cm

星鸦 *Nucifraga caryocatactes* Spotted Nutcracker

雀形目 鸦科　　葱花儿　　　　　　　　　　　　　　三

N.c.interdicta 李强 摄

N.c.macrorhynchos 张永 摄

中等偏小的鸦，色彩鲜明。嘴黑色，呈楔形。头顶暗褐色，体羽大都咖啡褐色，飞羽及尾羽呈蓝黑色，外侧尾羽具宽阔白色端斑。尾下覆羽亦为白色。自眼周起密布白色斑点并向下延伸。东北亚种 *N.c.macrorhynchos* 白色斑点较大，延至腰部和下腹部。华北亚种 *N.c.interdicta* 白色斑点止于胸部，且较小而稀疏，下体色淡。
常单独或集小群栖息于较高海拔的针叶林中（其中东北亚种主要见于雾灵山地区），立于针叶树冠层。主要以松子、昆虫等为食。很少在地面取食。

L32cm

271

红嘴山鸦 *Pyrrhocorax pyrrhocorax* Red-billed Chough

雀形目 鸦科　山老鸹 红嘴老鸹 红嘴乌鸦　　　　三

吴秀山 摄

李兆楠 摄

山区裸岩地带体型较瘦的黑色鸦。嘴呈朱红色，细长而稍向下弯。周身黑色，略具蓝色金属光泽。脚粉红色。未成鸟似成鸟但嘴黄褐色。

栖息于山地裸岩地带，有时散见于近山平原的田地。地栖性，常集大群在山头上空和山谷间飞翔，边飞边鸣，声音尖锐、嘈杂。主要以昆虫为食，也食植物性食物。通常营巢于悬崖峭壁上的岩石缝隙、岩洞和岩边往内的凹陷处。巢呈碗状，每巢产卵3~6枚。

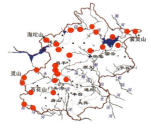

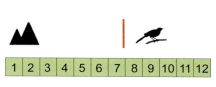

L39cm

达乌里寒鸦 *Corvus. dauuricus* Daurian Jackdaw

雀形目 鸦科　山老鸹

三

沈越 摄

徐永春 摄

万绍平 摄

体型略小的鸦。虹膜黑褐色,嘴短而坚实呈黑色。头侧耳羽附近发灰,有别于其他黑色鸦类。从后颈向两侧延伸至胸腹部为白色,其余体色均为黑色。另有周身灰黑色者(对应前者白色部位为灰黑色)。此为达乌里寒鸦的幼鸟还是黑色型,目前尚无统一的认识。北京另有罕见记录的寒鸦 *C.monedula* 与之甚似,但虹膜为白色。栖息于农田荒地、尤喜郊区水域附近旷野。冬季喜欢集大群到处游荡,可多达数百只。食性广泛。飞行时常伴有鸣叫,叫声显略尖但羸弱,熙熙攘攘。通常营巢于树洞或悬岩崖壁洞穴中。

| 1 | 2 | 3 | 4 | 5 | 6 | 7 | 8 | 9 | 10 | 11 | 12 |

L32cm

秃鼻乌鸦 *Corvus frugilegus* Rook

雀形目 鸦科　老鸹 乌鸦 山乌 秃鼻老鸹　　　　三

张代富 摄

娄方舟 摄

曾为北京优势种的乌鸦。头顶略尖，嘴较小嘴乌鸦呈圆锥形且更显尖细，嘴基部裸露出了土灰色鳞状皮肤，在黑色体羽的映衬下非常显眼。除嘴基部外，通体漆黑，并伴有蓝紫色金属光泽。飞行时两翼较窄长。脚为饱满的黑色。幼鸟嘴基无裸露皮肤。

现数量远少于大嘴乌鸦与小嘴乌鸦。冬季常和其他乌鸦群混群，见于低山和平原郊区，在北京南海子麋鹿苑能较为稳定地观察到。食性杂。巢多置于高大乔木的树杈上，呈碗状，每巢卵 3~9 枚。

L46cm

小嘴乌鸦 *Corvus corone* Carrion Crow

雀形目 鸦科　　老鸹 乌鸦

大型的黑色乌鸦。嘴不及大嘴乌鸦厚,嘴峰稍弱,前额较平与嘴上缘无显著转折。通体漆黑而有光泽,翼和尾略具蓝色金属光泽。飞行时翼指显著,尾较平。脚为饱满的黑色。

北京地区冬季的小嘴乌鸦既有夏季于西部山区繁殖的种群,也有从东北南迁至此的越冬种群。飞行高度较高,断断续续成稀疏的大群,清晨飞往郊区(开阔农田、荒地、垃圾场等处)觅食,食性杂;傍晚飞回城区(聚集在高大建筑或乔木之上)夜栖。会驱赶猛禽。鸣声较大嘴乌鸦更沙哑、粗砺。

L49cm

白颈鸦 *Corvus pectoralis* Collared Crow

雀形目 鸦科　　白脖老鸹

VU 三

宋旭 摄

大型的黑白两色乌鸦。嘴型似小嘴乌鸦，从后颈、上背向下延伸至胸部形成白色领圈，有别于达乌里寒鸦，其余体色均为黑色。翼上覆羽闪暗绿色或紫色金属光泽。喉及胸部羽毛呈披针状。脚黑色。

数量稀少，北京零星见于平原郊区或近山区的开阔农田、河滩、村庄附近。多单独出没，或与其他乌鸦混群，在地面取食，食性杂。通常营巢于高大乔木或山区河流岩石间，每巢产卵 3~7 枚。

L51cm

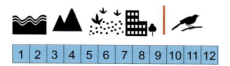

大嘴乌鸦

Corvus macrorhynchos Large-billed Crow

雀形目 鸦科　　老鸹 乌鸦

大型的黑色乌鸦。嘴甚为粗大且厚，嘴锋显著，前额尤为突出于嘴上缘，交界处转折明显，几呈直角。有别于小嘴乌鸦。全身羽色漆黑而有光泽，略具暗绿或紫蓝色金属光泽。飞行时翼指显著，尾较大且圆。脚黑色。

常集小群栖息于农田、村庄、城市公园等人类居住地附近。食性杂，领域意识强，会围攻驱赶猛禽。常边飞边叫，叫声较小嘴乌鸦更显圆润而深远悠扬。营巢于高大乔木顶部枝杈处，呈碗状，每巢产卵3~5枚。

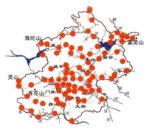

L50cm

277

雀形目 PASSERIFORMES

(山雀科 – 燕科)

山雀
嘴较强健,尾圆。喜在树林间出没,常结小群活动。

攀雀
嘴尖,尾方,翅较短。常倒悬于树或芦苇上。巢精巧。

百灵
似鹨但身体更为短粗,嘴更厚。栖息于开阔草地。

文须雀
类似鸦雀,但嘴较尖,雌雄异色,生活于苇丛中。

扇尾莺
嘴尖细,翅短,尾略成扇形。生活于草地或苇丛中。

苇莺
似蝗莺,但尾部偏平且尾下覆羽不长。

蝗莺
尾圆,尾下覆羽颇长。

燕
常见的伴人而居的鸟,体形纤细,嘴短而阔、翅尖长。飞行迅速,喜停歇于电线上。

煤山雀 *Periparus ater* Coal Tit

雀形目 山雀科　贝儿 贝子　　　　　　　　　　　　三京

P.a.pekinensis 娄方舟 摄

P.a.insulars 顾嘉讯 摄

体小的黑白色山雀。头顶、喉及上胸为黑色，脸颊和后颈中央白色。上体暗蓝灰色，翼上具两道白色翼斑。北京亚种 *P.a.pekinensis* 头顶具显著的黑色冠羽，腹部浅灰或沾皮黄色，为本地留鸟。另有秦皇岛亚种 *P.a.insularis* 的零星记录，其冠羽短小，不甚明显，在北京有迁徙或越冬记录。指名亚种 *P.a.ater* 无冠羽，头顶具蓝黑色金属光泽，下体乳黄色，在北京是否有记录有待进一步观察。栖息于山区针叶林或混交林，冬季有也至平原地区。常单只或结小群在树枝间穿梭跳跃。

L11cm

279

黄腹山雀 *Pardaliparus venustulus* Yellow-bellied Tit

雀形目 山雀科　点儿 吁吁点儿　　　三 京

M. 尚亚军 摄

M.（左）F.（右）沈越 摄

体小的黄黑色山雀。雄鸟繁殖羽头、上背和喉部黑色，头顶具深蓝色金属光泽。脸颊和后颈中央白色。翼上具两道白色翼斑。其余下体为鲜艳的黄色，非繁殖羽喉部亦为黄色。雌鸟似雄鸟而色淡，且整体羽色皆泛绒黄。

中国特有种。北京见于低山和山脚平原地带的次生林和平原城市公园中。常成十只左右的小群活动，穿梭活跃于树冠间。主要以昆虫为食，也吃植物果实和种子等。营巢于山区天然树洞或石缝中，每巢卵5~7枚。

L10cm

沼泽山雀 *Poecile palustris* Marsh Tit
雀形目 山雀科 红子 呀呀红

三

体小的黑灰色山雀。嘴基具一白色斑点，头顶黑色，油亮有光泽，区别于褐头山雀。脸颊至颈侧污白。上体较暗呈灰褐色，通常无明显翼斑。下体除颏、喉部黑色外，其余呈灰白色。
性活跃，常单只或成对穿梭于林间。夏季繁殖于山麓、丘陵的天然树洞或石墙缝隙间，冬季迁至平原林地、城市公园中觅食。每巢卵 4~10 枚。

L11.5cm

褐头山雀 *Poecile montanus* Willow Tit
雀形目 山雀科　山红子

三

体小的赭灰色山雀。顶冠较大呈黑褐色无光泽，头部占身体比例显大。脸颊至颈侧白色，颏、喉部污黑色，面积较沼泽山雀更大。上体赭灰，通常无明显翼斑。下体淡赭黄色，胁部稍重。整体较沼泽山雀显脏。栖息于海拔1200m以上中高山地的针叶林和针阔混交林中，生态位亦有别于沼泽山雀。常单只或成对活动于树冠层下午或地面觅食。主要以昆虫和植物种子为食物。营巢于天然树洞中，每巢卵6~10枚。

L12cm

大山雀 *Parus minor* Japanese Tit

雀形目 山雀科　远东山雀 白脸山雀 黑子 吁吁黑　　　三

沈越 摄

马宏茹 摄

体大而结实的黑白色山雀。头部黑色，具蓝色金属光泽。脸颊和后颈中央白色。上背橄榄绿色。翼上具一道明显白色翼。颏、喉部黑色，腹中央贯以黑色宽带与喉部相连。其余下体灰白色。北京另有罕见记录欧亚大山雀 *Parus major* 与之相似，但下体为黄色。

北京夏季繁殖于山区林地，冬季迁至平原林地、城市公园活动、觅食。性较活，不甚惧人。常在树枝间穿梭跳跃，主要以昆虫为食，也食用少量植物性食物。通常营巢于天然树洞中，也利用啄木鸟废弃树洞。

L14cm

中华攀雀 *Remiz consobrinus* Chinese Penduline Tit

雀形目 攀雀科　洋红儿　　　　　　　　　　　　　三

M. 吴秀山 摄　　　　　　　　M.（下）F.（上）吴秀山 摄

乍看似缩小的伯劳，但嘴细小而尖。雄鸟头、枕部灰色，具宽阔的黑色贯眼纹。上背栗棕色，其余上体呈淡棕色，飞羽、尾羽暗褐色。颏、喉部近白色，其余下体皮黄色。雌鸟似雄鸟而色淡，头、枕部灰褐色，贯眼纹淡棕色。

冬季常成小群，攀于岸边芦苇、香蒲等挺水植物。夏季多营巢于郊区湿地的柳树主之上，巢呈囊袋状，结构精巧。主要由树皮纤维、兽毛、蒲绒、杨柳絮等编织而成，悬于柳枝上。主要以昆虫、植物种子等为食。

| 1 | 2 | 3 | 4 | 5 | 6 | 7 | 8 | 9 | 10 | 11 | 12 |

L11cm

蒙古百灵 *Melanocorypha mongolica* Mongolian Lark

雀形目 百灵科　蒙古鹨　百（bǎi）灵　　Ⅱ

王瑞卿 摄

宋晔 摄

大型百灵。头顶外圈、后颈、翼上小覆羽、尾上覆羽呈栗棕色，其余上体以棕褐色为主。飞行时可见宽阔的白色翼后缘与黑色的初级飞羽形成鲜明对比。下体污白色，上胸具显著的黑色斑带。

北京见于大型水域周边荒地、干涸河床。特别是迁徙和越冬期间，常集大群活动。于地面活动觅食，善奔跑，主要以植物种子为食，也兼食昆虫。也可似云雀般拔地而起，直上云霄，边飞边鸣。鸣声清脆，婉转动听。

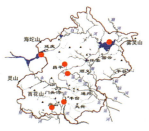

| 1 | 2 | 3 | 4 | 5 | 6 | 7 | 8 | 9 | 10 | 11 | 12 |

L19cm

中华短趾百灵 *Calandrella dukhunensis* Mongolian Short-toed Lark

雀形目 百灵科　　蒙古短趾百灵 大短趾百灵 小沙百灵 清水阿呦儿　　三

娄方舟 摄

中型百灵。原为大短趾百灵普通亚种 *C.c.dukhunensis*，现已独立为种。嘴粗壮饱满呈粉黄色，部分个体侧颈部具黑色斑块或短纵纹，野外观察并不显著。上体浅棕褐色，具黑色断续纵纹。飞行时可见翼后缘无白色，三级飞羽显著长于临近的次级飞羽，尾黑褐色，外侧尾羽白色。下体近白色微沾黄，无显著斑纹，显干净。
北京见于近水的稀疏杂草荒滩、农田和干旱砂石荒地。常结小群于地面活动，主要以植物种子、草籽为食，亦食昆虫。

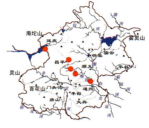

| 1 | 2 | 3 | 4 | 5 | 6 | 7 | 8 | 9 | 10 | 11 | 12 |

L16cm

短趾百灵（亚洲短趾百灵） *Alaudala cheleensis* Asian Short-toed Lark

雀形目 百灵科　小沙百灵 小阿嘞儿

三

李强 摄

张永 摄

体小而紧凑的百灵。嘴短小呈浅牙黄色，头部顶冠稍隆起。上体羽浅沙棕色，具多而密的黑褐色纵纹。三级飞羽与邻近的次级飞羽长度无显著差异。尾黑褐色，最外侧尾羽洁白。下体乳白色，胸部具稀疏的黑色细纵纹。跗跖较短，整体显得紧凑矮小。

北京见于水边沙质环境荒草地。常成单只成小群活动，善在地面奔跑，停停走走，不甚惧人。能垂直起飞，边飞边鸣。有主要以草籽等植物种子为食，亦食少量昆虫。

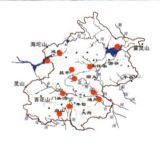

| 1 | 2 | 3 | 4 | 5 | 6 | 7 | 8 | 9 | 10 | 11 | 12 |

L14cm

287

凤头百灵

雀形目 百灵科　*Galerida cristata*　Crested Lark
凤头儿依嘚儿 凤头阿鹨儿

三京

体型较大的百灵。嘴细且长呈粉黄色，嘴锋多褐色。头部具显著的长冠羽，常高高竖起。上体多呈土棕色，飞行时翼后缘褐色，无白色边缘。尾羽黑褐色，最外侧尾羽亦为淡褐色而非白色。下体乳白色，胸部具黑褐色纵纹。

北京见于干旱的河床或岸边的卵石、土堆上，抑或荒草沙地和农田、旷野。常单独或结小群活动。较不惧人，善于在地面奔走。主食植物种子和少量昆虫。鸣声清脆婉转。

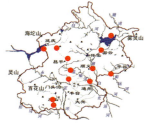

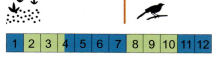

L17cm

云雀 *Alauda arvensis* Eurasian Skylark

雀形目 百灵科　阿嘞儿 依嘞儿 告天鸟 朝天柱　　　　Ⅱ

李兆楠 摄

李兆楠 摄

体型较大的百灵。嘴较尖且壮实呈黄褐色。头顶有冠羽，受惊时立起。上体沙棕色，杂以黑褐色斑点和纵纹。其中北京亚种 *A.a.pekinensis* 纵纹粗重，背部羽缘红色；北方亚种 *A.a.kiborti* 纵纹最细；东北亚种 *A.a.intermedia* 纵纹介于二者之间。飞行时可见飞羽黑褐色，具较窄的白色翼后缘，外侧尾羽几乎纯白色。下体近白色，但胸略沾皮黄并具不连贯的黑色纵纹。

常集群潜藏于岸边开阔的枯草地和农田荒地。于地面觅食、急走，极少上树。常骤然自地面垂直起飞，直冲云霄。以植物性食物为食，兼食少量昆虫。

L18cm

角百灵 *Eremophila alpestris* Horned Lark

雀形目 百灵科　黑敬德百灵　滨鹨　　　　　三京

E.a.brandti 沈越 摄

E.a.flava 沈越 摄

体型较大，特点鲜明的百灵。嘴短小呈铅灰色。雄鸟头顶两侧各具一簇凸出的黑色角状羽，头侧至喉部为白色，具一宽阔的黑色条带横贯眼先至颊部。上体整体呈较干净的淡棕色，下体白色，胸部具一黑色横带向两侧延伸而渐细。脚黑色。雌鸟似雄鸟，头顶角状羽不明显，胸部黑色横带亦较窄。北京另有北方亚种 *E.a.flava* 的罕见记录，眉、颊和喉部为柠檬黄色。

北京见于亚高山草甸、砾石草地和荒地农田。多单独或成小群活动，善于在地面短距离急走。主要以草籽等植物种子为食。

| 1 | 2 | 3 | 4 | 5 | 6 | 7 | 8 | 9 | 10 | 11 | 12 |

L18cm

文须雀 *Panurus biarmicus* Bearded Reedling
雀形目 文须雀科　文须鸟

M. 高原 摄

F. 赵云天 摄

体型修长，特征鲜明。嘴短小，为黄色。雄鸟头部呈淡蓝灰色，黑色的眼先向下延伸形成显著的楔形黑斑，似两撇"胡须"。上体和尾棕黄色，尾部甚长。下体多灰白色，两胁沾棕黄色。雌鸟似雄鸟但头部为淡黄棕色，眼下亦无"胡须"。

性活泼，多成小群活动于郊区湿地芦苇菖蒲生境，冬季偶至城区。常见其游荡在芦苇丛中或在芦苇茎秆上攀爬、啄食。食物主要为芦苇种子等草籽和昆虫。鸣声为震颤的"啾啾"声。曾为北京地区冬候鸟，现几乎全年可见。

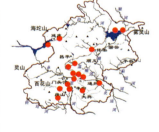

| 1 | 2 | 3 | 4 | 5 | 6 | 7 | 8 | 9 | 10 | 11 | 12 |

L17cm

棕扇尾莺 *Cisticola juncidis* Zitting Cisticola

雀形目 扇尾莺科

李兆楠 摄

李兆楠 摄

嘴粉色，嘴峰黑色，略下弯。额、头顶栗棕色，具浓密的黑色纵纹，颈部栗棕色，背部黑褐色，具浅色纵纹，翼覆羽及飞羽黑色，具浅色羽缘，尾较短，浅棕色，具黑色次端斑及浅棕色端斑，非繁殖季节尾羽棕色，具浅色羽缘。下体白色，两胁棕色。常单独或成对活动，栖息于水边芦苇地及灌丛中，比较活泼，尾常展开，上下摆动。

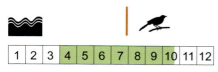

L12cm

东方大苇莺 *Acrocephalus orientalis* Oriental Reed Warbler

雀形目 苇莺科　　大苇莺 苇咋子 苇串儿 大苇鸹　　三京

宋旭 摄

大型苇莺。嘴粗大,黑色,下嘴基部橘黄色,停歇时头部羽毛常常竖起,使头部看起来似方形,眉纹细长,近白色,颊部颜色较浅,上体灰褐色,喉、上胸白色,下胸和腹部皮黄色,胸部具不明显的细纵纹,脚铅灰色。

叫声为单调的"嘎嘎"声。栖息于水边芦苇丛中,也会飞至水边树上,常站立于芦苇上部或枝头鸣叫,响亮嘈杂,并积极地驱赶接近的大杜鹃,整个白天都比较活跃,易于观察。

L19cm

黑眉苇莺 *Acrocephalus bistrigiceps* Black-browed Reed Warbler

雀形目 苇莺科　呀喇子 小苇咋子 小苇甚

三京

中小体型的苇莺。上嘴黑色，下嘴前端黑色，基部黄色，上体褐色，脸色较淡，具明显的黑色侧冠纹，从嘴基一直延伸至枕部，眉纹米白或皮黄色，宽阔且明显，延伸至颈侧，过眼纹棕色，初级飞羽较尖长。喉部污白色，腹部、两胁沾浅棕色，喉、胸之间没有明显分界。脚粉褐色。
叫声为沙哑短促的"咳咳"声，鸣声为一系列高调的吱声。多见于近水芦苇丛，也偶见于灌丛之中，通常单独活动。

1	2	3	4	5	6	7	8	9	10	11	12

L14cm

远东苇莺

Acrocephalus tangorum Manchurian Reed Warbler

雀形目 苇莺科 苇扎子 呱呱唧

VU 三

赵云天 摄

马宏茹 摄

中小体型的苇莺。似黑眉苇莺，但嘴较厚，黑色的侧冠纹不如黑眉苇莺明显，通常止于眼后，初级飞羽较短而尾较长，喉部白色，胸、腹部浅棕黄色，分界明显。
常单独活动于水边芦苇丛，也至灌丛中活动，通常清晨在芦苇上部鸣唱，白天则比较隐匿。

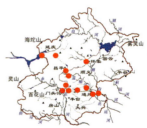

L14cm

钝翅苇莺 *Acrocephalus concinens* Blunt-winged Warbler

雀形目 苇莺科 钝翅稻田苇莺

三

王瑞卿 摄

中小体型的苇莺。上嘴黑色，下嘴黄色，端部黑色。上体棕褐色，具一较细、皮黄色的眉纹，眉纹在眼后不明显，大部分个体眉纹上方有一不明显的黑色边缘，具短小的黑色过眼纹，初级飞羽短，翅形显得圆而钝。喉、上胸白色，下体余部棕黄色，脚棕黄色。

单独活动，常于清晨在芦苇上部鸣唱，白天比较隐匿。

L14cm

厚嘴苇莺 *Arundinax aedon* Thick-billed Warbler

雀形目 苇莺科 树莺 芦莺 树䳭

三

体大的苇莺。嘴厚，较短，黑色，下嘴基部黄褐色，头型圆润，头部无任何明显纹路，上体橄榄褐色至棕色，颏、喉部白色，胸、腹部淡棕色，中央颜色较淡。
叫声为单音"咔"声，并会模仿其他鸟类的鸣叫。与其他苇莺相比，厚嘴苇莺并不依赖芦苇，迁徙季节见于灌丛和林缘地带，在北京高海拔山区灌丛中繁殖。

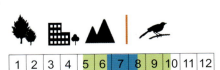

L19cm

北短翅蝗莺　*Locustella davidi*　Baikal Bush Warbler

雀形目 蝗莺科　北短翅蝗莺 斑胸短翅莺

高原 摄

繁殖期嘴全黑色,非繁殖期下嘴基部黄色。上体棕褐色,与中华短翅莺相比更偏红色,眉纹皮黄色,过眼纹黑色,但不明显,颊部略发灰色,翼短圆,喉、腹部灰白色,胸部颜色较深,有一些零散的点状黑斑,更换完繁殖羽的个体黑斑大且明显,胁部沾棕黄色。尾下覆羽较长,具深褐色横纹。脚肉粉色。

常单独活动,生性隐匿,迁徙时偏好近水的灌丛、高草地或芦苇丛。鸣声似虫叫。

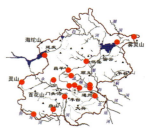

L12cm

中华短翅蝗莺 *Locustella tacsanowskia* Chinese Bush Warbler

雀形目 蝗莺科　中华短翅蝗莺　　　　　　　　　　　三

繁殖期嘴全黑色，非繁殖期下嘴基部黄色。眉纹浅皮黄色，于眼后变得模糊，颊部略发灰，通常有浅色细纹，上体灰褐色，与北短翅蝗莺相比更偏褐色，腰部颜色略浅，翼短圆。喉、腹部白色，胸部、两胁沾褐色，一些个体胸部略具纵纹，但不如北短翅蝗莺明显，尾下覆羽较长，具深褐色横纹。脚肉粉色。
常单独活动，性隐匿，栖息于灌丛、高草丛中，在近地面处悄然移动。

| 1 | 2 | 3 | 4 | 5 | 6 | 7 | 8 | 9 | 10 | 11 | 12 |

L13cm

小蝗莺 *Locustella certhiola* Pallas's Grasshopper Warbler

雀形目 蝗莺科　蝗虫莺 扇尾苇莺　　　　　　　　　　三

摄 宋旭

小型蝗莺。上体棕黄色，头顶密布黑色纵纹，看起来几乎全黑色，背部亦密布黑纹，飞羽和翼覆羽黑色，三级飞羽端部白色，腰部红棕色，尾羽较短，外侧尾羽末端具白斑，尾下覆羽颇长，喉、腹部白色，胸、胁部浅棕色，一些个体胸部具不明显的细纵纹。常单独活动于近水的芦苇丛及灌丛中，活动于中下部，生性隐匿。

L13cm

矛斑蝗莺 *Locustella lanceolata* Lanceolated Warbler

雀形目 蝗莺科　　黑纹蝗莺 苇扎　　三

李燎原 摄

李万成 摄

小型蝗莺。上体褐色，头顶具黑色纵纹，但较为稀疏，额部纵纹很少，不同于小蝗莺，背部多具黑色纵纹，飞羽深褐色，尾下覆羽颇长，尾羽末端无白斑。下体白色，胸、胁部沾棕黄色，并具浓密而明显的纵纹。性隐匿，常活动于灌丛下层，常似鼠类一样在地面窜行。

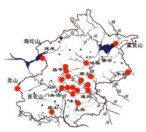

L12cm

斑背大尾莺 *Helopsaltes pryeri* Marsh Grassbird

雀形目 蝗莺科 蝗虫莺 花头扇尾

NT 三

娄方舟 摄

具一浅褐色眉纹，颊部灰褐色，上体棕色，头顶具黑色细纵纹，背部黑纹浓重，三级飞羽黑色，尾上覆羽亦有黑斑，尾较长，中央尾羽中部黑色，下体污白色，两胁沾褐色。

常单独活动，比较依赖湿地芦苇地环境，也至水边高草丛中活动，习性更类似于苇莺，会于清晨在芦苇枝头鸣唱，飞行时常打开尾羽。

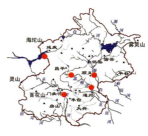

 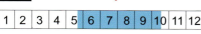

L13cm

崖沙燕 *Riparia riparia* Sand Martin

雀形目 燕科　　灰沙燕 沙燕 土燕 水燕　　　　　　　　三

体型较小，尾短、略分叉的燕，翼相当宽阔。上体褐色，下体污白色，胸部具一道较深、分界明显的胸带，飞行时明显可见下体被胸带分为两部分。幼鸟脸部、喉部皮黄色，胸带不显著。
常集群活动，出现于水边，于陡峭的土坡之上掘洞筑巢。

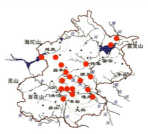

L12cm

岩燕 *Ptyonoprogne rupestris* Eurasian Crag Martin
雀形目 燕科 石燕

三

赵云天 摄

赵云天 摄

上体深褐色，下体浅皮黄色或灰白色，飞行时和深色的翼下覆羽对比明显。翼较宽，尾羽内凹很浅，除中央尾羽和最外侧尾羽外，每枚尾羽均具椭圆形白斑，但仅尾羽展开时才明显可见。

成群栖息于岩壁之上，飞行较其他燕类缓慢。

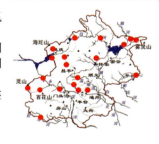

L15cm

家燕 *Hirundo rustica* Barn Swallow

雀形目 燕科 拙燕 燕子 三京

H.r.*gutturalis* 李兆楠 摄

H.r.*tytleri* 李亚平 摄

额部栗红色，背部黑色具蓝色金属光泽，尾羽具白斑，最外侧尾羽延长。不同亚种下体有所区别。最常见的 *gutturalis* 亚种颏、喉部栗红色，具一宽阔的蓝黑色胸带，胸带略沾栗色，边缘不甚清晰，下体余部白色或略沾黄色，幼鸟额、喉部颜色较浅，腹部略沾红色，外侧尾羽较短。迁徙季节偶见的 *tytleri* 亚种胸带较细，下体棕红色。家燕在空中飞行捕食，筑巢于建筑屋檐之下，为泥丸粘成的碗状巢。迁徙时会集大群。

| 1 | 2 | 3 | 4 | 5 | 6 | 7 | 8 | 9 | 10 | 11 | 12 |

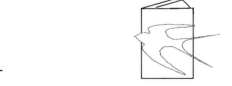

L14cm

毛脚燕（白腹毛脚燕） *Delichon urbicum* Common House Martin
雀形目 燕科　　普通毛脚燕

三

黄广生 摄

juv. 李强 摄

体型较小的燕。上体蓝黑色，具明显金属光泽，飞羽及翼上覆羽深褐色，颊部黑色，与纯白的喉部对比明显，腰部、尾上覆羽白色，尾羽叉形较其他毛脚燕更深，下体纯白色。有观点认为繁殖于东北的毛脚燕应为独立物种 *Delichon lagopodum*，并在迁徙时途径北京。繁殖于新疆等地的毛脚燕保留学名 *Delichon urbicum*，中文称之为西方毛脚燕。
多于迁徙季节记录于水边，有时与其他燕类混群。

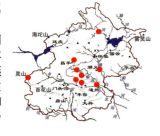

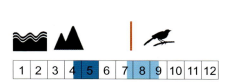

L13cm

烟腹毛脚燕 *Delichon dasypus* Asian House Martin

雀形目 燕科　亚洲毛脚燕 毛腿燕

三

似毛脚燕，但尾叉深度较浅，下体沾灰褐色，与毛脚燕相比明显更"脏"，有时隐约能看到一条灰色胸带。
迁徙时见于各种环境，在中高海拔具有崖壁的山区繁殖。

L13cm

金腰燕 *Cecropis daurica* Red-rumped Swallow

雀形目 燕科　　巧燕 赤腰燕 花燕儿　　　　　　　　　　　三京

李兆楠 摄　　　　　　　　　　　　　　　　　　李兆楠 摄

体型较大的燕。上体蓝黑色，具金属光泽，飞羽及覆羽深褐色，耳羽至颈侧棕红色，腰部栗黄色，飞行时明显可见，也是远距离区分家燕和金腰燕的可靠依据。下体白色，从颊部至喉部、胸、腹部均密布深色纵纹。

习性类似家燕，两者有时会混群活动，金腰燕巢更为精致，如烧瓶状，因此民间又称"巧燕"。

| 1 | 2 | 3 | 4 | 5 | 6 | 7 | 8 | 9 | 10 | 11 | 12 |

L18cm

雀形目 PASSERIFORMES

（鹟科 – 鸦雀科）

鹟
中等大小的鸟，嘴尖细。常成群活动，极为喧闹。

柳莺　鹟莺
具眉纹，嘴尖细，颇为活跃。

树莺
褐色莺，翅短圆。常在灌丛中活动。

长尾山雀
似山雀，但尾长，翅短，体羽蓬松。

林莺
似柳莺，灰白色，喙较强壮，与鹛类亲缘更近。

鸦雀　山鹛
体圆，尾长，体羽蓬松。成小群活动。

白头鹎 *Pycnonotus sinensis* Light-vented Bulbul

雀形目 鹎科　白头翁　白头公　白头婆　白头鸟

ad. 高翔 摄

juv. 朱英 摄

中型的黄绿色鹎。头部黑色，眼后至枕部形成大块白色区域。耳羽棕白色。上体灰橄榄绿色，两翼和尾羽褐色，具鲜艳的黄绿色羽缘。颏、喉部白色，胸部淡灰褐色，其余下体污白色。脚黑色。幼鸟头部整体灰色。

国内主要分布于南方。近十余年间迅速北扩，现在北京几乎随处可见，一般小区、公园中即有繁殖。常成小群活动于树枝、灌丛。食性杂。鸣声响亮，婉转多变。中国花鸟画中亦多出现，取其富贵白头之意。巢呈碗状，每巢卵3~5枚，卵布紫红色斑点。

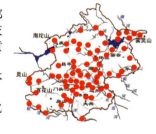

L19cm

栗耳短脚鹎 *Hypsipetes amaurotis* Brown-eared Bulbul
雀形目 鹎科

李兆楠 摄

大型的灰色鹎。嘴较长，呈黑色。头、颈部羽浅灰色呈发状，耳羽显著栗棕色并向颈侧略有延伸。上体灰色，两翼和尾灰褐色。下体亦为灰色，并缀以白色斑点。尾下覆羽黑色具白色羽缘。脚灰褐色。
国内见于东部沿海地区。北京所见多为单只或集三五只的小群，活动于平原疏林或城市公园中。主要以植物浆果、种子为食。

L28cm

领雀嘴鹎 *Spizixos semitorques* Collared Finchbill

雀形目 鹎科　绿鹦嘴鹎

三

李兆楠 摄

体型稍大的绿色鹎。嘴短且厚呈象牙色，嘴峰显著。头部黑色，脸颊具灰白色细横纹，向后延伸，后枕、颈部转为深灰色。具显著白色领环。其余为橄榄绿色，飞羽、尾羽和腹部为黄绿色。尾部具宽阔的黑色端斑。脚粉灰色。

我国主要分布于南方，近些年有明显北扩趋势。在北京已形成较为稳定的繁殖种群。常成小群栖息于浅山区的山坡林地或山脚平原疏林。主要以浆果、种子等植物性食物为主。

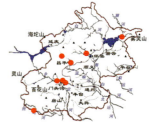

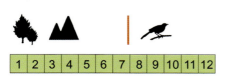

| 1 | 2 | 3 | 4 | 5 | 6 | 7 | 8 | 9 | 10 | 11 | 12 |

L22cm

淡尾鹟莺 *Phylloscopus soror* Plain-tailed Warbler

雀形目 柳莺科 金眶鹟莺

三

王瑞卿 摄

上嘴黑色，下嘴黄色，具完整的明黄色眼圈，顶冠纹灰色，侧冠纹黑色，并止于眼上方，两者分界明显，侧冠纹下仍有一道灰色纹。脸部、上体橄榄绿色，没有翼斑，下体明黄色，与华北地区常见其他柳莺区别明显，脚黄色或粉褐色。

习性似柳莺，活泼好动，活动于树木中上层。

L12cm

叽喳柳莺 *Phylloscopus collybita* Common Chiffchaff

雀形目 柳莺科　嘎叭嘴

三

体小的褐色系、无翼斑的柳莺。嘴全黑色，眉纹较细较直，皮黄色或偏白色，眼先颜色较深，上体整体灰褐色，下体污白色，两胁略沾棕黄色，尾下覆羽白色。脚黑色。在国内繁殖和迁徙季可见于新疆，冬季在我国大部分地区均有零星记录。北京所见多为单独出现，活动于灌丛、密林之中。

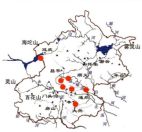

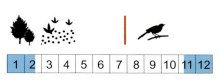

L11cm

棕眉柳莺 *Phylloscopus armandii* Yellow-streaked Warbler

雀形目 柳莺科　柳串儿 树扈　　　三

李兆楠 摄　小图：王瑞卿 摄

体大的褐色系、无翼斑的柳莺。上嘴黑色，下嘴端部黑色，后部黄褐色，眉纹前端浅棕黄色，后段白色，与褐柳莺相反，过眼纹深色，上体灰褐色，但肩角呈棕黄色，喉部白色，喉、胸部有不明显的黄色纹路，下体余部沾浅棕黄色，尾下覆羽淡皮黄色，脚黄褐色。

叫声似"滴滴"声，常单独或成对出现，繁殖于海拔1000m左右的山地，活动于灌丛或林地中，城区内较罕见。其模式产地即在北京。

L13cm

| 1 | 2 | 3 | 4 | 5 | 6 | 7 | 8 | 9 | 10 | 11 | 12 |

褐柳莺 *Phylloscopus fuscatus* Dusky Warbler

雀形目 柳莺科　嘎吧嘴 柳串儿

三

沈越 摄

中等体型的褐色系、无翼斑的柳莺。上嘴黑色，下嘴前端黑色，后端黄色，眉纹较窄，前端白色，后端略沾棕黄色，边缘清晰，过眼纹深色，上体灰褐色，喉、腹部近白色，胸、胁部沾棕褐色，脚褐色或黄褐色。
常单独出现，活动于灌丛之中，尤其喜好临近水边的灌丛，叫声为单音节的"喷"声。

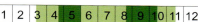

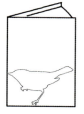

L12cm

巨嘴柳莺 *Phylloscopus schwarzi* Radde's Warbler

雀形目 柳莺科　厚嘴树莺 厚嘴柳莺 厚嘴树㘄　三

李强 摄

体大的褐色系、无翼斑的柳莺。上嘴黑色，下嘴端部黑色，后部黄褐色，嘴比华北其他褐色系柳莺都粗大，尤其是近嘴基处更厚，眉纹皮黄色，前端较宽，边缘模糊，后端较细，颜色较浅，边缘清晰，过眼纹深色，上体橄榄褐色，喉白色，下体余部沾浅棕黄色，尾下覆羽皮黄色，比褐柳莺和棕眉柳莺都更加鲜艳。脚黄褐色。
叫声为连续的"咔"声，栖息于灌丛及矮树丛中，多在低处活动。

L13cm

黄腰柳莺 *Phylloscopus proregulus* Pallas's Leaf Warbler

雀形目 柳莺科　柳串儿 树串儿　　　　　　　　　三京

极为常见的小型柳莺，整体显得圆润，嘴黑色，顶冠纹浅黄色，眉纹黄色，较为鲜艳，羽毛磨损后偏白色，过眼纹黑褐色，较细，上体橄榄绿色，腰部黄白色，具两道黄白色的翼斑，下体灰白色，脚褐色。

叫声为上扬的"吱"声，鸣唱多变。常单独或成群出现于各种林地生境，也会和其他小型鸟类混群，非常活泼好动，行动敏捷，经常悬停取食。

L9cm

云南柳莺

Phylloscopus yunnanensis Chinese Leaf Warbler

雀形目 柳莺科

三

王瑞卿 摄

李兆楠 摄

李兆楠 摄

中小体型的柳莺，整体显得圆润，嘴较短，黑色，下嘴基部黄褐色，顶冠纹灰白色，边缘较模糊，眉纹细长，前端略沾黄色，后端白色，过眼纹深色，背部灰绿色，腰部浅黄色，具两道翼斑，前一道通常不明显，三级飞羽具白色羽缘，下体灰白色，脚深褐色。

叫声为单音节的"吱"声，鸣声为一连串干涩的"啧"声。常单独或成对活动于树木中上部，在北京高海拔山区繁殖，常站在高大针叶树顶部鸣唱。

| 1 | 2 | 3 | 4 | 5 | 6 | 7 | 8 | 9 | 10 | 11 | 12 |

L10cm

黄眉柳莺 *Phylloscopus inornatus* Yellow-browed Warbler

雀形目 柳莺科　树串儿 槐串儿

焦庆利 摄

沈越 摄

中小体型的柳莺，嘴细，上嘴黑色，下嘴基部黄色，黄绿色的顶冠纹极不明显，眉纹前端略黄，后端白色，过眼纹深褐色，较细，上体橄榄绿色，具两道明显的翼斑，三级飞羽羽缘白色，下体灰白色为主，胸、两胁、腹部沾黄色，脚黄褐色。
叫声为上扬的"吱"声，鸣唱为一系列下降音节。迁徙季节极常见于各种林地环境，成小群或与其他小型鸟类混群活动，敏捷好动，常弹动双翼。

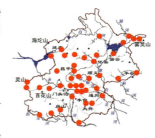

L10cm

淡眉柳莺 *Phylloscopus humei* Hume's Leaf Warbler

雀形目 柳莺科

三 京

 李炳序 摄
 李炳序 摄

中小体型的柳莺，似黄眉柳莺，但嘴细，黑色，头部较黄眉莺更灰，顶冠纹灰白色，极为模糊，眉纹比黄眉柳莺更浅，更偏乳白色，过眼纹深色，较细，整体偏灰色，相比黄眉柳莺缺乏绿色色调，具两道翼斑，但第一道较不明显，下体灰白色，黄色更少，脚深褐色至黑色。
叫声较为轻柔。非常活泼，常成小群活动，也会和其他小型鸟类混群。

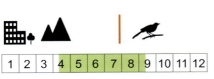

L10cm

极北柳莺

Phylloscopus borealis　Arctic Warbler

雀形目 柳莺科　柳串儿

焦庆利 摄　焦庆利 摄

较大的柳莺。嘴较细，上嘴黑色，下嘴黄褐色，尖端具一黑斑，无顶冠纹，眉纹黄白色，后端通常颜色较浅，不延伸至额部，过眼纹黑褐色，上体橄榄绿色，具两道翼斑，但通常不明显，前一道尤其如此，停歇时第十枚初级飞羽短于初级大覆羽，下体污白色，幼年个体胸部沾黄色，尾下覆羽白色。脚暗褐色，幼鸟颜色偏粉色。

叫声为涩且较低的"吱"声，鸣唱为一系列"啾啾"声。迁徙时常集小群活动，也会和其他柳莺混群，多活动于树木中上部。

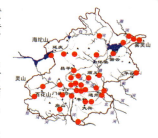

| 1 | 2 | 3 | 4 | 5 | 6 | 7 | 8 | 9 | 10 | 11 | 12 |

L13cm

双斑绿柳莺 *Phylloscopus plumbeitarsus* Two-barred Warbler

雀形目 柳莺科　柳串儿　　　　　　　　　　　三

体型较大的柳莺，嘴较细，上嘴黑色，下嘴全黄色或粉色，头部较圆，无顶冠纹，眉纹浅黄白色，一直延伸至上嘴基部，过眼纹深色，在眼后较窄，上体橄榄绿色，具两道明显的翼斑，第一道翼斑偏黄色，后一道偏白色，下体白色，脚黑褐色。叫声似麻雀，常单独或小群出现于树林及灌丛中，多在中上部活动。

L12cm

淡脚柳莺 *Phylloscopus tenellipes* Pale-legged Leaf Warbler

雀形目 柳莺科　　灰脚柳莺

李兆楠 摄

李兆楠 摄

中等体型的柳莺，嘴较细，黑色，端部和下嘴基部肉粉色。头顶、颈部深灰绿色，背部橄榄绿色，对比较为明显，无顶冠纹，眉纹长且直，嘴基至眼淡黄色，后部白色，过眼纹深色，较粗，翼斑两道，但并不明显。下体灰白色。脚为很淡的粉色，跗跖长。叫声尖锐，有金属感。多活动于树木及灌丛的中下部，较其他柳莺更经常的在地面活动，有时会似鸻类般翘尾。

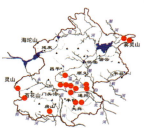

L11cm

乌嘴柳莺

Phylloscopus magnirostris Large-billed Leaf Warbler

雀形目 柳莺科

娄方舟 摄

体大的柳莺。嘴粗大，黑色，下嘴基部颜色较浅，无顶冠纹，眉纹淡黄色，细长，一只延伸至枕部，于眼前较白，后端较黄，过眼纹深色，在眼后变宽，头部灰绿色，背部橄榄绿色，两翼颜色略鲜艳，具两道黄白色翼斑，后一道通常比较明显。下体灰白色或略沾黄色，脚深褐色，近黑色。叫声为双音节，鸣唱为五音节的"哔-哔哔-哔哔"声。栖息于海拔较高的山区，常单独或成对活动于树木中上层。

1	2	3	4	5	6	7	8	9	10	11	12

L13cm

冠纹柳莺 *Phylloscopus claudiae* Claudia's Leaf Warbler

雀形目 柳莺科　柳串儿　　　　　　　　　　　　　　三京

张永 摄

中等体型的柳莺，上嘴黑色，下嘴黄色，头顶黑绿色，明显具灰白色的顶冠纹，眉纹长，前端沾黄色，眼后白色，过眼纹较细，上体橄榄绿色，整体羽色较为鲜亮，具两道较短的翼斑，下体灰白色，胸部略沾黄色，尾下覆羽亦为白色。脚黄褐色。
叫声为两到三音节，鸣声为一串干涩的颤音。单独活动，也加入鸟群，经常轮流鼓动双翼，有时会像䴓一样倒挂在树枝上活动、觅食，并在树干上活动。

L11cm

冕柳莺 *Phylloscopus coronatus* Eastern Crowned Warbler

雀形目 柳莺科　柳串儿　　　　　　　　　　　三 京

体型较大的柳莺，嘴粗长，上嘴暗褐色，下嘴黄色，头顶暗绿色，具一道淡黄色的顶冠纹，近嘴端不清晰，眉纹长且平直，前端微黄，后端白色，过眼纹暗褐色，后端较宽，上体橄榄绿色，具一或两道翼斑，下体灰白色，尾下覆羽淡黄色，脚褐色。叫声为轻柔的"吱"声，鸣叫为"驾驾急—"三音节，尾音上扬，常单独或小群活动于阔叶树树冠层，生性活泼。

| 1 | 2 | 3 | 4 | 5 | 6 | 7 | 8 | 9 | 10 | 11 | 12 |

L12cm

远东树莺 *Horornis canturians* Manchurian Bush Warbler

雀形目 树莺科　短翅树莺 告春鸟 树莺　　三

娄方舟 摄

体大的树莺，大小类似于麻雀。嘴较大，黑色，下嘴基部橘黄色，额部、顶部棕红色，具一灰白色眉纹，过眼纹颜色略深，上体灰褐色，翼沾棕色，喉部白色，下体余部略呈皮黄色，脚肉粉色，一些个体偏褐色。北京海拔1000m左右山间灌丛中可见繁殖个体，常站立枝头鸣唱，叫声为一串咕噜咕噜声，之后附加数个单音。

L16cm

强脚树莺

Horornis fortipes Brownish-flanked Bush Warbler

雀形目 树莺科　山树莺 告春鸟　三

喻昊 摄

中等体型的树莺，似远东树莺，但体型明显小，大小类似于红喉姬鹟。上嘴黑褐色，下嘴以黑褐色为主，一些个体嘴基、边缘棕黄色，范围大小因个体而异。眉纹浅灰色或皮黄色，上体棕褐色，喉部白色，胸、腹部棕黄色，腹部中心颜色较淡。脚棕褐色。

叫声通常由一长两短三音节组成。栖息于灌木丛中，生性活泼，极少停留一处不动。

| 1 | 2 | 3 | 4 | 5 | 6 | 7 | 8 | 9 | 10 | 11 | 12 |

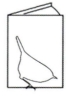

L12cm

鳞头树莺 *Urosphena squameiceps* Asian Stubtail

雀形目 树莺科　短尾丛莺

三

略小而尾短，跗跖显得很长的树莺。嘴黑色，一些个体下嘴基部肉粉色，头顶黑褐色，具鳞状斑纹，眉纹皮黄色，细长且直，一直延伸至颈侧，过眼纹黑色，上体褐色，下体污白色，胸、胁部沾褐色，脚肉粉色。
栖息于阔叶林下的灌丛中，性情隐匿，但不停跳动，鸣叫似虫鸣。

| 1 | 2 | 3 | 4 | 5 | 6 | 7 | 8 | 9 | 10 | 11 | 12 |

L10cm

北长尾山雀 *Aegithalos caudatus* Long-tailed Tit

雀形目 长尾山雀科

赵云天 摄

嘴黑色，短小，头、喉及胸部纯白色，上体黑色，肩羽葡萄红色，翼短圆，具白色翼斑，尾羽长，黑色，最外侧三对尾羽外翈白色，胁部略沾葡萄红色，脚黑色。常与银喉长尾山雀混群。

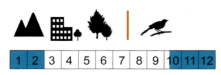

L15cm

银喉长尾山雀 *Aegithalos glaucogularis* Silver-throated Bushtit

雀形目 长尾山雀科　银颊山雀 吖吖猫儿　　三京

ad. 李兆楠 摄

juv. 李兆楠 摄

嘴黑色，短小，头顶黑色，中央白色，额灰白色或浅粉色。背灰，翼黑，尾黑色，最外侧尾羽外翈白色。喉部黑色，冬季为灰色，且边缘模糊，下体污白色，略沾浅粉色或浅棕色。幼鸟头顶、背部深棕褐色，脸、颊部、喉部及胸部棕褐色，随着年龄增长脸部及下体棕褐色逐渐褪去。

常集小群至大群活动，活动于阔叶林林缘及灌丛中，常倒挂在树枝上取食，性情活泼喧闹。

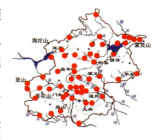

| 1 | 2 | 3 | 4 | 5 | 6 | 7 | 8 | 9 | 10 | 11 | 12 |

L15cm

白喉林莺 *Curruca curruca* Lesser Whitethroat

雀形目 莺鹛科　白喉莺

任立鹏 摄

北京仅有的莺鹛科鸟类。虹膜褐色，下眼睑内侧多为白色。嘴黑色，下嘴基较浅。头顶及枕部灰色，耳羽及眼先灰黑色。上体和两翼浅灰褐色。喉部的纯白色与下体的灰白色对比明显。脚灰黑色。

北京多见单只活动于平原灌丛或低矮树冠，于其间跳跃穿梭。性较隐匿，不易发现。寿振黄先生于1936年曾记录该鸟繁殖于北京附近。

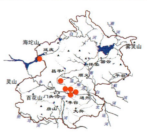

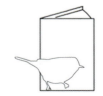

| 1 | 2 | 3 | 4 | 5 | 6 | 7 | 8 | 9 | 10 | 11 | 12 |

L13cm

山鹛 *Rhopophilus pekinensis* Beijing Hill-Babbler

雀形目 鸦雀科 华北山莺 山莺 北京山鹛 大尾（yǐ）巴狼 小背串儿 **三京**

宋晔 摄

1868年由英国人斯文侯（Swinhoe）在北京发现并命名，其学名种加词即为北京之意。虹膜浅黄灰色，嘴浅灰色，略下弯。具较细的褐色贯眼纹和黑色颊纹。头部及上体沙棕色，具显著黑褐色纵纹，背部多沾灰色。尾长呈灰褐色，外侧尾羽端部灰白色。喉白色，其余下体灰白色，两胁具栗棕色纵纹。脚灰褐色。

常单只或结几只的小群栖息于山地灌丛或低矮树木之间，主要以昆虫为食。鸣声多变，通常为拖长的3音节降调声"丢儿—丢儿—丢儿——"。营巢于茂密灌丛，每巢卵4~5枚。

L18cm

棕头鸦雀 *Sinosuthora webbiana* Vinous-throated Parrotbill

雀形目 鸦雀科　　驴粪球儿　　　　　　　　　　　三京

李兆楠 摄

体小浅棕色的鸦雀，体态浑圆而尾长。嘴端而厚，头顶至上背浅棕色，其余上体多沾灰色。两翼短小，飞羽具红棕色羽缘。下体淡棕灰色。脚铅褐色。幼鸟整体羽色更为浅淡。

常结群活动，栖于平原至中低山的灌丛和苇丛中，较为吵闹。通常只做短距离飞行，飞行高度低。喜在芦苇中攀缘、穿梭。常用嘴剥开芦苇、秸秆，寻找虫卵（芦苇日仁蚧）等。鸣叫为细碎嘈杂"喳—喳—"，鸣唱为拖长的"啾儿—啾儿—啾儿—"，似山鹛但音调更高、各音节长度一致。

L13cm

335

震旦鸦雀

Paradoxornis heudei　　Reed Parrotbill

雀形目 鸦雀科　芦苇鹦嘴雀 何氏鸦嘴山雀 长江鸦嘴山雀　　NT Ⅱ

王建国 摄

王瑞卿 摄

体型较大且壮实的鸦雀，种加词为纪念法国传教士、动物学家韩伯禄（Heude）。嘴型独特，粗厚而短呈黄色。黑褐色的宽阔眉纹一直延至后颈两侧。身体前部灰白色，后部整体棕黄色。尾甚长，外侧尾羽具白色端斑。脚粉灰色。

1872年由谭卫道（Armand David）采集并命名。曾一度数量稀少，仅见于黑龙江和长江下游，近些年扩散迅速，从东北至华东地区已不鲜见，常结小群活动于芦苇、菖蒲丛中，用嘴剥开芦苇寻找虫卵（芦苇日仁蚧等）。鸣声响亮而喧闹。

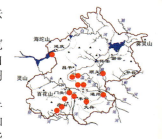

1	2	3	4	5	6	7	8	9	10	11	12

L19cm

雀形目 PASSERIFORMES
（绣眼鸟科 – 鸫科）

绣眼鸟
体形似莺。具有明显的白色眼圈。常成群活动。

噪鹛
嘴、脚强壮，善于行走跳跃，不善飞行。常在灌丛下部成小群活动，性喧闹。鸣声动听多样。

旋木雀
棕褐色鸟，嘴细长下弯，尾羽长且坚硬。常在树木枝干上旋转攀爬。

䴓
嘴直且强的小鸟，脚强健，常在树干上快速攀爬，且能头向下在树上活动。

旋壁雀
嘴长而下弯，翅宽且长。活动于崖壁上。

鹪鹩
嘴细长，脚长、强健。全身褐色具白色斑纹。喜阴暗潮湿的环境，鸣唱动听。

河乌
身材圆胖，尾短。生活于山溪附近，能在水中觅食行走。

椋鸟
体型紧凑的中等大小雀形目鸟。嘴尖直，脚长，适于地面行走，常集群。

鸫
嘴形窄，翅型尖，尾较长的鸫科鸟。

红胁绣眼鸟 *Zosterops erythropleurus* Chestnut-flanked White-eye

雀形目 绣眼鸟科　　粉眼儿 绣眼儿　　　　　　　　　　　Ⅱ

上嘴黑色，下嘴肉色，眼先黑色，具明显白色眼圈，并在前部断开，上体黄绿色，背部颜色略深，颏、喉部及尾下覆羽明黄色，胸、腹部白色，两胁栗红色，雄鸟颜色浓郁，而雌鸟颜色较淡。初级飞羽突出次级飞羽的长度较长，也可与暗绿绣眼鸟相区别。

常成小群出现，会和其他小型雀形目鸟类混群。

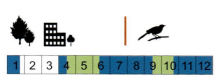

L11cm

暗绿绣眼鸟

Zosterops simplex Swinhoe's White-eye

雀形目 绣眼鸟科　　绣眼儿　　　　　　　　　三 京

似红胁绣眼鸟，但嘴全黑，胁部没有红色，上体更显明亮而下体更偏灰色，初级飞羽突出次级飞羽长度较短。
常成小群活动，会与其他小型雀形目鸟类混群，叫声为纤细的"啧啧"声。

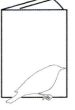

L11cm

339

山噪鹛 *Pterorhinus davidi* Plain Laughingthrush

雀形目 噪鹛科　山画眉 黑老婆儿 大背串儿　　三京

赵建英 摄

体型较小的噪鹛。嘴黄色，略下弯，上嘴基部灰褐色。全身棕褐色为主，飞羽偏灰褐色，尾羽端部暗褐色，下体颜色略浅，但颏部黑色，喉部灰白色。

通常结小群活动于山区灌丛中，常于地面活动，性不惧人，通过鸣叫相互联络。其模式产地即在北京。

L23cm

欧亚旋木雀（旋木雀） *Certhia familiaris* Eurasian Treecreeper

雀形目 旋木雀科　　爬树雀　　　　　　　　　　　　　　三 京

李兆楠 摄

身体细长，嘴细长而下弯，白色眉纹较宽。上体褐色，具皮黄色斑纹，翼部浅色斑较大，较明显。下体灰白色，胁部、肛周沾棕黄色，尾暗褐色，长而尖，在攀爬时可起到支撑作用。

活动于各种林地中，自下而上螺旋状环绕树干向上攀爬，寻找树皮下节肢动物为食，爬至较高处时会飞至临近树的根部继续攀爬。

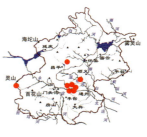

| 1 | 2 | 3 | 4 | 5 | 6 | 7 | 8 | 9 | 10 | 11 | 12 |

L13cm

341

普通䴓 *Sitta europaea* Eurasian Nuthatch

雀形目 䴓科   穿树皮 贴树皮

三京

S.t.sinensis 徐永春 摄

S.t.amurensis 李兆楠 摄

上体蓝灰色，具黑色过眼纹，臀部栗色并具白色斑点。华北地区多见两亚种，下体颜色略有区别：*sinensis*亚种颊、喉、胸、腹部均为棕黄色，仅颏部为白色，*amurensis*亚种颊、颏、喉部及上胸白色，下体余部仅略沾棕黄色。另有*asiatica*亚种，下体纯白，于北京有零星记录。

常见于山区林地，近山平原地区偶有记录，活泼大胆，性不惧人，常在树干上觅食，有时也下至地面。

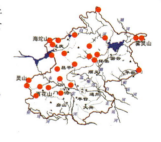

| 1 | 2 | 3 | 4 | 5 | 6 | 7 | 8 | 9 | 10 | 11 | 12 |

L12cm

黑头䴓 *Sitta villosa* Chinese Nuthatch

雀形目 䴓科　　贴树皮 松树儿　　　　　　　　　　　三京

F. 王瑞卿 摄

M. 赵和平 摄

头顶黑色，具宽阔的白色眉纹和黑色过眼纹，背部蓝灰色，颊、喉部白色，下体其余部分浅棕黄色，尾短。雌鸟似雄鸟，但头顶、过眼纹均为深灰色。
分布于浅山区及近山平原地区，冬季偶至城区。尤其喜好活动于针叶树上，常在树干上螺旋式攀爬觅食，并可头向下活动，于秋季有在树皮下藏匿食物的习性。在树洞中筑巢繁殖。其模式产地即在北京。

L11cm

343

红翅旋壁雀 *Tichodroma muraria* Wallcreeper

雀形目 䴓科 爬岩鸟 红花儿 三京

sum. 赵云天 摄

win. 李兆楠 摄

嘴细长，略下弯，头、背部灰色。颊、颏、喉部白色，夏季为黑色。肩部、覆羽及初级飞羽外缘、次级飞羽基部红色，停歇时在体侧亦可见到红色，第6~9枚初级飞羽上具两个白斑，飞羽其余部分黑色。尾黑色，具较浅的次端斑，下体深灰色。脚爪皆强健。

栖息于崖壁，在近乎垂直的崖壁上跳跃或短暂飞行，用嘴在岩缝中寻找节肢动物为食，常突然展开双翼，展现出醒目的红色。长距离飞行较缓慢飘忽，呈波浪状。

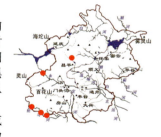

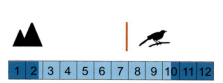

L17cm

鹪鹩 *Troglodytes troglodytes* Eurasian Wren

雀形目 鹪鹩科　山蝈蝈儿 巧媳妇儿 耗子雀　　　三

李兆楠 摄

体小，嘴细长，具不明显的皮黄色或灰白色眉纹，全身褐色，并具黑色横纹，杂以白色斑点。翼较短，尾常常翘起，性情活泼好动。
夏季多栖息于较湿润的林地、灌丛中，冬季多出没于溪流附近，也会出现于城市内河湖水边。鸣叫响亮，富有穿透力。

L10cm

褐河乌 *Cinclus pallasii* Brown Dipper

雀形目 河乌科　　水老鸹 水黑老婆儿　　　　　　　　　　三京

全身褐色，紧凑圆胖，嘴尖细且直，翼短圆，脚浅灰色，长且强健。
高度依赖溪流，常在河边岩石上跳动，时常翘尾。飞行迅速，并紧贴水面，善于游泳和潜水，并能在水下行走，捕食水生昆虫或小鱼为食，会在石头上反复摔打处理猎物。叫声尖锐。

L22cm

八哥 *Acridotheres cristatellus* Crested Myna

雀形目 棕鸟科　凤头八哥

吴秀山 摄

李万成 摄

全身黑色为主的棕鸟。嘴象牙白色，虹膜黄色，额部具明显羽簇，但长度不长。翼上具大白斑，飞行时明显可见，一些个体停歇时体侧亦可见到呈线形的白斑，除中央尾羽外，尾羽末端白色，尾下覆羽黑色，具白色端斑。未成年鸟似成年，但偏褐色。北京地区的八哥，可能来源于逃逸或放生而建立的野外种群。常成小群活动于园林绿地中，会在地面觅食，善于效鸣。

L26cm

丝光椋鸟 *Spodiopsar sericeus* Red-billed Starling

雀形目 椋鸟科　牛屎八哥 丝毛椋鸟　　　　　三京

M.(左) F.(右) 李强 摄

中等大小的椋鸟。嘴暗红色，端部黑色。头、喉部白色或灰白色，羽毛呈丝状，下体及背部灰色，飞羽及尾羽蓝黑色，并具金属光泽，初级飞羽具白斑，飞行时明显，停歇时隐约可见。雌鸟似雄鸟，但颜色较为暗淡，背部偏褐色，非繁殖季节无论雌雄都更加暗淡。

原分布于我国南方，近二十年开始在北京出现。出没于园林绿地，成小群活动，性不惧人，于树洞、墙洞中繁殖。

| 1 | 2 | 3 | 4 | 5 | 6 | 7 | 8 | 9 | 10 | 11 | 12 |

L24cm

灰椋鸟 *Spodiopsar cineraceus* White-cheeked Starling

雀形目 椋鸟科　　高粱头 假画眉　　　　　　　　　三

嘴暗红色，头、颈部黑色，颊部白色，背部褐色，尾深褐色，尾上覆羽白色，飞行时明显可见，胁部暗灰色，腹部中央污白色。未成年鸟似成鸟，但以棕色取代黑色和灰色。成小群或大群活动，飞行时身体与翼展开时呈三角形。

华北地区最为常见的椋鸟，见于平原区各种环境，于小区和街边绿地也不罕见。在树洞中繁殖，也会在建筑缝隙中筑巢。

L24cm

紫翅椋鸟 *Sturnus vulgaris* Common Starling

雀形目 椋鸟科　欧椋鸟

三

雌雄较为相似，华北地区可见的紫翅椋鸟多为非繁殖羽，嘴暗褐色，全身紫色，略具紫色或绿色金属光泽，飞羽羽缘浅褐色，全身布满白色斑点。脚暗红色或褐色。繁殖羽嘴黄色，全身金属光泽明显，白色斑点较少或几乎没有。未成年鸟全身棕色，喉部色淡。

北京地区冬春季节多见于远郊区的开阔水域附近的荒地、疏林。常混群于灰椋鸟群中。

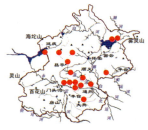

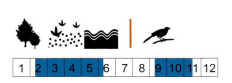

| 1 | 2 | 3 | 4 | 5 | 6 | 7 | 8 | 9 | 10 | 11 | 12 |

L21cm

北椋鸟 *Agropsar sturninus* Daurian Starling

雀形目 椋鸟科　燕八哥 小椋鸟 宾灰燕　　　　　三

ad.M 高原 摄

ad.F 张锡贤 摄

较小的椋鸟。嘴黑色，头、颈部及下体灰白色，枕部具一紫色斑块，但常因羽毛磨损而不可见，背部暗紫色，飞羽、大覆羽及尾羽黑色，均具金属光泽，具长而明显的浅色翼斑，腰部及尾上覆羽浅棕色。雌鸟似雄鸟，但上体偏褐色，缺乏金属光泽。常单独或以家庭群活动，飞行迅速，于树洞中筑巢，和其他椋鸟相比，通常较为安静，较少至地面活动。

  |

| 1 | 2 | 3 | 4 | 5 | 6 | 7 | 8 | 9 | 10 | 11 | 12 |

L18cm

351

白眉地鸫 *Geokichla sibirica* Siberian Thrush

雀形目 鸫科　西伯利亚地鸫 地穿草鸡

F. 李强 摄

M. 沈越 摄

雄鸟整体深蓝灰色，光线不好时接近黑色，具一道宽阔的白色眉纹，腹部中部白色，尾下覆羽暗褐色，具有明显的宽阔白色羽端，看上去形成白色斑块，嘴黑色，脚黄色，可以与乌鸫相区别。雌鸟棕褐色，眉纹、颊纹皮黄色，下体亦为皮黄色，羽缘褐色，形成鳞状斑，中覆羽和大覆羽末端浅棕色，形成两列不明显的浅色翼斑，腹部中部污白色，尾下覆羽具白色斑块。

单独或成对活动，较少鸣叫，常藏身于树冠中，难以发现。

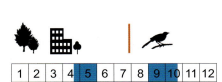

L22cm

虎斑地鸫 *Zoothera aurea* White's Thrush

雀形目 鸫科　顿鸡 怀氏虎鸫

三

体型较大，上体黄褐色，布满黑色斑点的地鸫。脸颊色浅，耳羽处有一黑斑，飞羽褐色，外翈缘黄褐色，覆羽上具棕黄色横斑，喉部近白色，略具黑色斑点，胸部沾棕色，腹部白色，均具鳞状黑斑，也有个体腹部中央黑斑较少。

北京主要见于迁徙季，常单独活动，常于草地上觅食，但生性警觉，略有惊扰便飞至树上，飞行迅速，但是容易撞击玻璃、墙壁。在密云区雾灵山亦可能有繁殖。

1	2	3	4	5	6	7	8	9	10	11	12

L28cm

乌鸫 *Turdus mandarinus* Chinese Blackbird
雀形目 鸫科 百舌 三京

体大，甚为常见的鸫。雄鸟全身黑色，背部略沾锈色，眼圈及嘴黄色，脚黑色。雌鸟似雄鸟，但略沾棕色，喉、胸部隐约有纵纹。未成年鸟污棕色，有不明显眉纹，胸前浅色，并具细碎黑斑。

原为南方常见留鸟，近十余年显著北扩，在北京已甚为常见。一般单独或成对活动，偶有结成小群，高度适应人工环境，经常在地面寻找蠕虫为食，性不惧人，鸣唱婉转动听，并会效鸣。

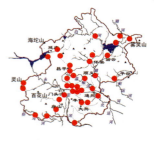

L29cm

灰背鸫 *Turdus hortulorum* Grey-backed Thrush

雀形目 鸫科　灰背穿草鸡

F: 王瑞卿 摄　　　　　　　　　M: 李兆楠 摄

雄鸟嘴黄色，头、颈、胸、上体、尾部灰色，有不明显的黄眼圈，耳羽处有不明显的白色细纹。两胁橙色，非常宽阔，甚至在上腹部相连，腹部其余部分和尾下覆羽白色。雌鸟嘴颜色较暗，上体棕褐色，腰和尾有时偏灰色，一些个体具较浅色的眉纹。耳羽后部亦为浅色，和颊纹一起围出颊部的范围，髭纹黑色，延伸至颈侧，胸部具箭头状黑斑，有时橙黄色的胁部上亦有零星黑斑。

北京主要见于迁徙季和冬季，单独或成对活动，性谨慎，在地面觅食，也取食浆果。在怀柔区喇叭沟门亦可能有繁殖。

| 1 | 2 | 3 | 4 | 5 | 6 | 7 | 8 | 9 | 10 | 11 | 12 |

L21cm

乌灰鸫 *Turdus cardis* Japanese Thrush

雀形目 鸫科　日本灰鸫

M. 李兆楠 摄

雄鸟嘴黄色，头、喉、胸部黑色，具明显或不显著的黄色眼圈，背部深灰色，飞羽沾褐色，腹部及尾下覆羽白色，胁部为较宽的灰色，下体具黑色斑点，依个体不同数量有较大差别。雌鸟嘴角质色或暗黄色，上体褐色，耳羽处具白色细纹，喉、胸部浅灰褐色，杂以黑斑，胁部沾栗色，并有黑色斑点。

华北地区出现的乌灰鸫为俄罗斯繁殖的个体，常于秋末或冬初出现于北京，多单独活动，性谨慎。

| 1 | 2 | 3 | 4 | 5 | 6 | 7 | 8 | 9 | 10 | 11 | 12 |

L21cm

白腹鸫 *Turdus pallidus* Pale Thrush

雀形目 鸫科　　白腹穿草鸡

雌雄类似的鸫。上嘴深灰色或褐色，下嘴黄色，尖端深灰色或褐色，头、颈部灰色或灰褐色，有不明显的暗黄色眼圈，一些个体喉部具白斑，上体棕色，尾深灰色，胸部浅棕色，腹部污白色，两侧浅棕色。性谨慎，常于地面觅食，有时会和其他鸫类混群。

L22cm

褐头鸫 *Turdus feae* Grey-sided Thrush

雀形目 鸫科 费氏穿草鸡

VU Ⅱ

体型中等的鸫。上体橄榄褐色,具明显的白色眉纹,眼眶下缘白色,眼先深色,颊部白色,喉部、上胸、胁部石板灰色,不沾棕红色,可以区别于雌性白眉鸫,腹部灰色较浅。脚黄色。

性隐秘。迁徙季节出现于园林公园时,几乎从不鸣叫,安静而低调的藏身于树叶丛中,繁殖于北京西部及北部海拔1300m以上山中,于清晨鸣叫,日出后很少发声。

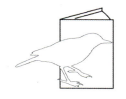

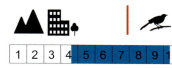

L23cm

白眉鸫 *Turdus obscurus* Eyebrowed Thrush

雀形目 鸫科　　灰头穿草鸡

雄鸟虹膜黑色，上嘴黑色，下嘴前端黑色，后部黄色，头、脸部呈褐色，具明显的白色眉纹，眼下白色，换羽后则头、喉部灰色。上体浅褐色，胸部下半和胁部橙黄色，腹部、尾下覆羽白色。雌鸟非常类似雄鸟，但髭纹白色，耳羽处常具白色细纹。
常单独或成对出现，生性谨慎，遇惊扰则飞至树上。

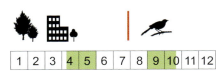

| 1 | 2 | 3 | 4 | 5 | 6 | 7 | 8 | 9 | 10 | 11 | 12 |

L23cm

黑喉鸫（黑颈鸫） *Turdus atrogularis* Black-throated Thrush

雀形目 鸫科

ad. F. 李兆楠 摄

juv. 邢睿 摄

雄鸟上嘴黑色，下嘴尖端黑色，后端黄色，眉纹、颊、喉部黑色，胸部黑色，常有浅色羽缘，上体灰色，整体呈现冷色调。初级飞羽及尾羽颜色较深，腹部、尾下覆羽灰白色，胁部具明显或不明显的深色纵纹。雌鸟似雄鸟，但颜色较为暗淡。

北京市区内更为多见的是第一年度冬个体，具不明显的浅色眉纹，喉部无黑色，髭纹黑色，胸部通常沾灰色，胁部具深色纵纹，尾羽基部不沾棕红色。多于地面觅食，常单独出现，也会和其他鸫类混群。

| 1 | 2 | 3 | 4 | 5 | 6 | 7 | 8 | 9 | 10 | 11 | 12 |

L22cm

赤颈鸫 *Turdus ruficollis* Red-throated Thrush

雀形目 鸫科　红喉穿草鸡

三

ad.M. 李兆楠 摄

juv. Vincent 摄

雄鸟上嘴黑色，下嘴尖端黑色，后端黄色，眼先、眉纹、喉、胸部暗红色，上体灰色，整体呈冷色调，下体余部灰白色，尾下覆羽有时略沾橙色，中央尾羽黑色或深褐色，外侧尾羽深橘红色。雌鸟似雄鸟，但整体颜色较为平淡，髭纹、胸部处常有黑色斑点或条纹。第一年度冬的个体似黑颈鸫第一年鸟，但胸部通常沾红棕色，尾羽基部红棕色。在北京，赤颈鸫较黑颈鸫更为常见，多出现于各种林地环境，单独或成小群活动，也会加入其他鸫类群体。

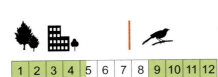

L22cm

红尾斑鸫（红尾鸫） *Turdus naumanni* Naumann's Thrush

雀形目 鸫科　　红尾穿草鸡 窜儿鸡

ad.F. 王瑞卿 摄

ad. M. 王瑞卿 摄

雄鸟颊部、眉纹棕红色，上体棕褐色，肩覆羽略沾棕红色，整体呈暖色调，区别于赤颈鸫或黑颈鸫。尾羽棕褐色，外侧尾羽棕红色。飞羽黑色，羽缘橙红色。颏、喉、胸、胁部及尾下覆羽砖红色，具浅色羽缘，形成"鳞状斑"。雌鸟喉部颜色较为暗淡，胁部通常有或多或少的黑斑，第一年度冬个体似雌鸟，但眉纹发白，髭纹黑色。常单独或结成小群活动，也和其他鸫类、燕雀等混群，于地面觅食，遇到惊扰则飞至树上。

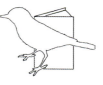

L24cm

斑鸫 *Turdus eunomus* Dusky Thrush

雀形目 鸫科　窜儿鸡

三

ad.F. 李兆楠 摄

ad.M. 沈越 摄

雄鸟头、背、胸部黑色，具明显白色眉纹，越冬个体背部略沾棕褐色。下背棕褐色，覆羽及次级飞羽棕红色，与黑色的背部对比明显，尾黑褐色。颏、喉部白色。下体白色，胁部具黑色鳞状纹。雌鸟似雄鸟，但头部更灰，整体颜色偏棕，缺乏明显的颜色对比，第一年鸟更偏褐色而棕色较少。习性类似于红尾鸫，但在华北地区，斑鸫数量少于红尾鸫，也较少集群出现。

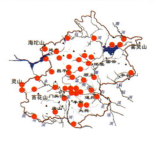

| 1 | 2 | 3 | 4 | 5 | 6 | 7 | 8 | 9 | 10 | 11 | 12 |

L23cm

杂交个体

赤颈鸫 × 黑喉鸫 王瑞卿 摄

斑鸫 × 红尾鸫 王瑞卿 摄

斑鸫和红尾斑鸫、赤颈鸫和黑喉鸫的杂交个体较为常见。斑鸫和红尾鸫的杂交个体往往兼具两者的特点：通常类似红尾斑鸫，但喉部白色，胸、胁部为巧克力色或棕褐色，而不呈现棕红色，也有的杂交个体胁部类似红尾鸫，但眉纹、颊、喉部白色并具明显黑色髭纹，更类似斑鸫。

赤颈鸫和黑喉鸫的杂交个体整体类似赤颈鸫，但其胸部颜色即非红色，也非黑色，而是为暗褐色、棕褐色、咖啡色等，就像红色与黑色的混合，一些个体胁部具较为明显的纵纹。

赤颈鸫 × 黑喉鸫 李兆楠 摄

宝兴歌鸫 *Turdus mupinensis* Chinese Thrush

雀形目 鸫科　歌鸫 花穿草鸡　　　　　　　三京

宋晔 摄

嘴黑色，下嘴基部黄色，也有一些个体嘴全黑。上体橄榄褐色，具两道皮黄色的翼斑，眼先、颊部及下体灰白色，胸部略沾棕色，眼下具黑斑，耳羽处有月牙形黑斑，髭纹黑色，下体余部密布圆形黑斑，腹部中央黑斑较少或没有。

常单独或成小群活动，在地面觅食，遇到惊扰则飞至树上静立不动。繁殖于京郊较高海拔山区中。

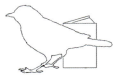

L22cm

田鸫 *Turdus pilaris* Fieldfare
雀形目 鸫科   三

雌雄相似的鸫。嘴黄色，一些个体端部黑色。具不明显的白色眉纹和黄眼圈。头、颈和腰部灰色，背部、翅栗色，初级飞羽黑色。下体污白色为主，喉、胸部多具黑色纵纹，胸部沾棕褐色或栗色，胁部多具黑色鳞状斑。
冬季出现于北京山区，也至树林之中。

L25cm

白眉歌鸫 *Turdus iliacus* Redwing
雀形目 鸫科　　　　　　　　　　　　　　　　　NT 三

体型中等的鸫，雌雄相似。嘴黑色，下嘴基部黄色。具一显著的白色眉纹，延伸至嘴基。上体灰褐色。下体污白色为主，胸部及腹部两色密布深色纵纹，较为粗重，胁部栗红色，但一些个体栗红色较窄，不易观察，需与赤颈鸫的一龄个体小心区别。白眉歌鸫翼下覆羽亦为栗红色。
冬季或迁徙季偶至华北，生性谨慎，会与其他鸫类混群。

L22cm

雀形目 PASSERIFORMES

（鹟科 – 雀科）

歌鸲
嘴细长，脚粗壮，行为隐匿，常在地面活动。

林鸲
体型似歌鸲，但跗跖短，尾常上翘。

红尾鸲
嘴短小，尾部有棕红色的小型鹟科鸟。

水鸲　溪鸲
身体紧凑略圆。生活在溪流附近。

啸鸫
较大的鹟科鸟。几乎纯蓝色，具金属光泽。

鹏
嘴尖细，脚黑，强健。尾黑白两色或纯黑色。华北种类多栖息于草地。

矶鸫
翅尖，尾较短，雌雄羽色不同。

鹟
体型较小，嘴须发达。常站立枝头，飞起捕捉昆虫。

戴菊
颇似柳莺的小鸟，顶部黄色或红色。

太平鸟
身材圆胖，尾方，具短冠羽。常结群活动。

岩鹨
嘴尖细，嘴基宽。栖息于山地较为干燥的地区。

雀
体态圆胖，嘴圆锥形。好合群。

欧亚鸲 *Erithacus rubecula* European Robin
雀形目 鹟科 知更鸟 三

王建国 摄

短胖，身体近似于球形的鸲。嘴黑色，上体暗褐色，一些个体眼后、耳羽、颈侧、胸侧略沾灰色，脸部、颏、喉、胸部橙红色，腹部污白色或浅灰色，胁部略沾黄色，脚褐色。
国内主要见于新疆，冬季在北京有零星记录。常单独出现于灌丛中，至地面觅食。

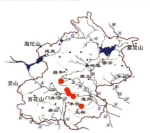

| 1 | 2 | 3 | 4 | 5 | 6 | 7 | 8 | 9 | 10 | 11 | 12 |

L14cm

蓝歌鸲 *Larvivora cyane* Siberian Blue Robin

雀形目 鹟科　　蓝靛杠儿 蓝尾（yǐ）巴根子　　　　　　　　三

ad.M. 李兆楠 摄

F. 洪婉平 摄

imm.M. 万绍平 摄

雄鸟上体灰蓝色，嘴基至肩部的边缘接近黑色，下体纯白色，未成年雄鸟似成鸟，但飞羽及覆羽褐色，雌鸟上体橄榄褐色，腰及尾上覆羽蓝色，下体污白色，喉、胁部具不明显鳞状纹。部分雌鸟尾上覆羽不发蓝，胸部鳞状纹较为明显，似红尾歌鸲，区别见红尾歌鸲。一些第一年雄鸟非常类似雌鸟，仅尾及尾上覆羽蓝色，肩部略沾蓝色。

繁殖季见于中高海拔林地，多出没于溪流旁，迁徙时见于灌丛，于地面活动，站姿较其他歌鸲更平。

L15cm

| 1 | 2 | 3 | 4 | 5 | 6 | 7 | 8 | 9 | 10 | 11 | 12 |

红尾歌鸲 *Larvivora sibilans* Rufous-tailed Robin

雀形目 鹟科　红尾鸲

三

王瑞卿 摄

嘴黑色，具明显的白色眼圈，耳羽处多具浅色细纹，上体浅褐色，翼略深，尾及尾上覆羽棕红色，与上背反差明显，可与部分雌性蓝歌鸲相区别（蓝歌鸲尾为灰褐色，与背部颜色较为一致）。下体污白色，胸、胁部布满褐色鳞状纹，脚肉色。
单独或成对活动，多于地面活动，行走迅速，常抖动尾部。

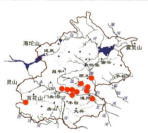

| 1 | 2 | 3 | 4 | 5 | 6 | 7 | 8 | 9 | 10 | 11 | 12 |

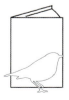

L14cm

白腹短翅鸲 *Luscinia phaenicuroides* White-bellied Redstart

雀形目 鹟科 短翅鸲　　　　　　　　　　　　　三

任立鹏 摄

体大尾长的鸲。嘴黑色，上体、颏、喉、胸、胁部暗蓝灰色，额和眼先颜色略深，外侧尾羽基部橙红色，翼上具两个小白点，腹部及尾下覆羽白色，脚褐色。雌鸟整体棕褐色，外侧尾羽基部略呈棕色，翼上不具白点，未成年雄性似雌鸟，但头、胸部往往沾蓝色。

多在中高海拔山区灌丛下方活动，也至地面活动。

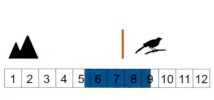

L17cm

蓝喉歌鸲 *Luscinia svecica* Bluethroat
雀形目 鹟科　蓝靛颏儿 蓝点颏儿　　　　　　　　　　　　Ⅱ

F. 李炳序 摄

M. 宋晔 摄

雄鸟上体褐色，具明显白色眉纹，外侧尾羽基部栗红色，尾羽颜色较暗，繁殖期颏、喉部蓝色，中央具橘红色斑块，蓝色之下为黑色、白色和栗红色三条横带，非繁殖期喉部蓝色变浅，两胁褐色，下体余部乳白色。脚黑色，跗跖较长，站姿挺拔。雌鸟喉部白色，髭纹黑色，胸部具黑色纵纹，形成一条胸带，最外侧尾羽不沾栗红色。生性隐匿，常出没于水边草丛或灌丛中，早晚活动相对频繁。

L15cm

红喉歌鸲 *Calliope calliope* Siberian Rubythroat

雀形目 鹟科　红靛颏儿 红点颏儿 靛颏儿　　Ⅱ

F. 李兆楠 摄

M. 沈越 摄

体型略大，显得结实的棕褐色歌鸲。无论雌雄，嘴黑色，具白色眉纹和下颊纹，眼先黑色，雄鸟颏、喉部红色，两侧具细黑线，喉胸交界处发灰，胸部、两胁褐色，腹部中央及尾下覆羽白色。雌鸟似雄鸟，但喉部白色，老年雌鸟喉部发粉红色。第一年度冬鸟似体大的褐柳莺，但眉纹和喉部都更白。

性隐匿，常单独活动，迁徙时偶尔可见小群出没，常在林下灌丛中活动，于地面活动觅食。

| 1 | 2 | 3 | 4 | 5 | 6 | 7 | 8 | 9 | 10 | 11 | 12 |

L16cm

红胁蓝尾鸲 *Tarsiger cyanurus* Orange-flanked Bluetail

雀形目 鸫科　　蓝尾（yǐ）巴根 红胁歌鸲　　三京

F. 吴秀山 摄

M. 沈越 摄

雄鸟上体钴蓝色，具较宽的白色眉纹，一直延伸至眼后。胁部橘红色，下体余部白色。雌鸟上体橄榄褐色，有明显白色眼圈，尾蓝色，胁部橙色，下体污白色。第一年雄鸟类似雌鸟，但胁部更鲜艳，翼略沾蓝色。另有在北京较高海拔山区繁殖的个体，背部蓝色更暗，眉纹更细、更暗淡，于眼后几乎不可见。有研究者认为其应为一个独立物种"祁连山蓝尾鸲"*T. albocoeruleus*。
常栖息于灌丛中，也常下至地面觅食，性不惧人，常上下抖尾。

L14cm

红腹红尾鸲 *Phoenicurus erythrogastrus* White-winged Redstart

雀形目 鹟科　　白翅鸲

三

M. 娄方舟 摄

F. 娄方舟 摄

体大的红尾鸲。雄鸟头顶至枕部白色明显，而非北红尾鸲的灰白色。脸、喉、背、翼黑色，翼上有大且明显的近方形白斑，下胸、腹部及尾羽橘红色，中央尾羽黑褐色。雌鸟似大号的北红尾鸲，但翼上没有白色翼斑。
常成群活动，冬季出没于高海拔山区的灌丛地带，常站立于枝头或岩石上。

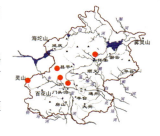

L16cm

北红尾鸲 *Phoenicurus auroreus* Daurian Redstart

雀形目 鸫科　　火燕儿 花红燕儿

M. 李兆楠 摄

F. 沈越 摄

雄鸟从额部至后颈银灰色，脸、喉、背、翼黑色，翼上具明显的白色三角形翼斑，下胸、腹部、腰及尾羽橘红色，中央尾羽黑色。雌鸟上体橄榄褐色，翼上亦具三角形白斑，腰部及尾羽似雄鸟，下体浅灰褐色。幼鸟似雌鸟，但头、胸、背等处多具浅黄色斑点。

常单独或成对出现，性不惧人，常站立于显眼处上下抖尾，捕捉食物后常飞回原处。

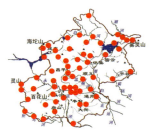

L14cm

红尾水鸲 *Rhyacornis fuliginosa* Plumbeous Water Redstart

雀形目 鹟科　燕石青儿 铅色红尾鸲　　　三

F. 宋晔 摄

M. 李兆楠 摄　小图：juv. 吴秀山 摄

雄鸟嘴黑色、脚深棕色，腰部、尾棕红色，身体其余部位深蓝灰色，光线不良时常看成黑色，雌鸟上体浅灰色，头部、翼偏棕色，翼上具两列白斑，腰部白色，尾羽基部白色，端部棕黑色，中央尾羽白色部分最少，向外逐渐增加，至最外侧尾羽几乎全白。下体颜色略浅，具鳞状斑。幼鸟似雌鸟，但上体具细碎白斑。
生活于溪流边，常反复开合尾羽并上下摆动。

L13cm

1	2	3	4	5	6	7	8	9	10	11	12

白顶溪鸲 *Chaimarromis leucocephalus* White-capped Water Redstart

雀形目 鹟科 白顶水鹟

李兆楠 摄

体型较红尾水鸲显著大。头顶白色，腰部、尾上覆羽、尾羽前半段、腹部及尾下覆羽栗红色，身体其余部位黑色。幼鸟似成鸟，但头顶白色部分多具黑色纵纹。
生活于山区溪流附近，常站立于水中或水边石头上。

| 1 | 2 | 3 | 4 | 5 | 6 | 7 | 8 | 9 | 10 | 11 | 12 |

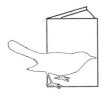
L17cm

紫啸鸫 *Myophonus caeruleus* Blue Whistling Thrush

雀形目 鸫科　　鸟精 山鸣鸡

三

李兆楠 摄

嘴、脚均黑的大型鸫科鸟类，曾经长期被归入鸫科。虹膜棕褐色，全身蓝紫色，并带有金属质感，光线不好时常被看成黑色，除翼、尾之外，全身密布白色小斑点。幼鸟背部偏褐色，几无白色斑点。

栖息于山溪旁，迁徙季可见于城市公园林地。停落时，尾羽反复开合，缓慢而有节奏。主要以土壤表层或表层以下的蚯蚓、昆虫等为食。叫声具金属质感。

| 1 | 2 | 3 | 4 | 5 | 6 | 7 | 8 | 9 | 10 | 11 | 12 |

L28cm

东亚石䳭 *Saxicola stejnegeri* Stejneger's Stonechat

雀形目 鹟科　石栖鸟 黑喉石䳭

三

 F. 洪婉平 摄
 M. 李兆楠 摄
 M. 洪婉平 摄

不同个体羽色略有差异，但嘴、虹膜、脚均黑。雄鸟头、颈、上体黑色，颈侧白色，但范围较小，尾上覆羽、腰部白色，一些个体翼上具较小的白斑，胸部棕红色，腹部棕色较浅，两胁颜色更淡，接近白色。雌鸟上体棕褐色为主，杂以黑色纹路，有一较不明显的浅色眉纹，喉浅土黄色，尾部黑色，腰及下体浅棕色，尾下覆羽白色。单独或成小群活动，常站立于灌丛顶端，飞起后往往回到原来的树枝或落在附近，鸣声似石块相撞的声音。

| 1 | 2 | 3 | 4 | 5 | 6 | 7 | 8 | 9 | 10 | 11 | 12 |

L13cm

灰林䳭 *Saxicola ferreus* Grey Bushchat

雀形目 鹟科

三

方春 摄

方春 摄

雄鸟上体灰色，常杂有黑色细纹，具明显的白色眉纹，耳羽、颊部黑色，喉部白色或灰白色，对比明显，下体余部浅灰色。雌鸟褐色，亦具浅色眉纹，腰、尾上覆羽及外侧尾羽栗褐色，颏、喉部白色，下体余部浅黄褐色。

栖息于水边灌丛或林缘地带，常站立于枝头或电线，在空中捕食。

| 1 | 2 | 3 | 4 | 5 | 6 | 7 | 8 | 9 | 10 | 11 | 12 |

L14cm

穗䳭 *Oenanthe oenanthe* Northern Wheatear

雀形目 鹟科　麦穗　　　　　　　　　　　　　三

M. 任立鹏 摄

雄鸟头、枕、背部灰色，额白色，具白色眉纹，眼先、耳羽黑色，翼覆羽、飞羽黑色，腰部及尾上覆羽白色，尾羽白色，中央尾羽黑色不及占总长的1/2，短于白顶䳭，外侧尾羽黑色约占总长的1/3，其余尾羽末端黑色，形似"山"字。喉、胸部略沾棕黄色，下体余部白色。雌鸟背部灰褐色，具不明显眼纹，翼颜色较深，与背部区别明显，不同于沙䳭，下体浅灰褐色，腹部、尾下覆羽白色。

通常栖息于干燥的荒地，常于地面活动，站立于石头或灌丛之上。北京有零星记录于开阔水域附近的干枝。

| 1 | 2 | 3 | 4 | 5 | 6 | 7 | 8 | 9 | 10 | 11 | 12 |

L16cm

沙䳭 *Oenanthe isabellina* Isabelline Wheatear

雀形目 鹟科　黄褐色石栖鸟　　　　　　　　　　　　　　　　三

任立鹏 摄

雌雄相似的䳭。嘴、虹膜、脚均为黑色。上体棕褐色，具浅色眉纹，雄鸟眼先黑色，雌鸟眼先颜色略浅，飞羽暗褐色，胸部棕黄色，两胁颜色更浅，腹部近白色。腰、尾上覆羽白色，尾羽是该属重要的分类依据，沙䳭中央尾羽黑色突出较短，其余尾羽黑色部分较多，但不超过尾羽长度的1/2。
通常栖息于干燥的草地、沙地中，多地面活动，站姿较直。北京水域附近有零星记录。

| 1 | 2 | 3 | 4 | 5 | 6 | 7 | 8 | 9 | 10 | 11 | 12 |

L16cm

漠䳭 *Oenanthe deserti* Desert Wheatear
雀形目 鹟科　黑喉石栖鸟

三

雄鸟嘴、虹膜、脚均为黑色，上体土棕色，隐约具浅色眉纹，耳羽、颊、喉、翼上覆羽及飞羽黑色，尾羽黑色，仅基部白色，胸部浅棕色，下体余部白色。雌鸟似雄鸟，但整体略显暗淡，更偏灰褐色，头部无黑色。

多单独或成对活动，栖息于荒地、多砂石环境中，在地面觅食。北京于水域附近有零星记录。

L15cm

385

白顶䳭 *Oenanthe pleschanka* Pied Wheatear

雀形目 鹟科　黑喉白顶䳭

三

F. 宋晔 摄

M. 宋晔 摄

雄鸟额、顶、枕后颈、腰、尾上覆羽及腹部白色，其余黑色。雌鸟上体灰褐色，具不明显浅色眉纹，颊、喉及上胸灰褐色，常具不明显纵纹，下体余部白色。无论雌雄尾羽白色，中央尾羽黑色占全长的1/2，最外侧尾羽黑色占全长的1/4，其余尾羽仅端部黑色，形成"山"字形图案。
常于地面活动，也停歇于石头或低矮灌丛上。

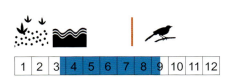

L15cm

蓝矶鸫 *Monticola solitarius* Blue Rock Thrush

雀形目 鸫科　麻石青 水嘴儿　　　　　　　　三

F.（左）M.（右）颜晓勤 摄　　　　　　　　M. 沈越 摄

雄鸟嘴黑色，较长，头、胸、上体灰蓝色，翼羽暗蓝色，腹部及尾下覆羽栗红色，脚黑色。未成年雄鸟似成鸟，但肩、背、翼等处羽端常常为白色，看上去上体具零散而不规则的白斑。雌鸟上体褐色，并沾蓝灰色，下体浅褐色，布满深色鳞状纹。常单独或成对活动，栖息于崖壁等多岩石地带，常挺立于醒目的高处。

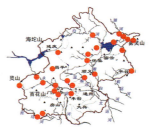

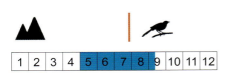

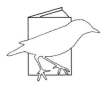

L21cm

白喉矶鸫 *Monticola gularis* White-throated Rock Thrush

雀形目 鸫科 蓝头白喉矶鸫 葫芦翠 虎皮雀

三

M. 吴秀山 摄

M. 万绍平 摄

F. 李燎原 摄

雄鸟嘴较短，黑色，基部黄褐色，头顶至后颈钴蓝色，耳羽黑色，具黄色眼圈，背、翼黑色，小覆羽蓝色，翼上具白色翼斑，尾黑色，较短，腰、尾上覆羽、颈侧和下体橙红色，喉部中央白色，脚肉色。第一年雄鸟似成鸟，但背部及翼覆具暗黄色鳞状斑，多且明显。雌鸟橄榄褐色，下体近白色，全身多具深色鳞状纹，喉部白色，可与蓝矶鸫雌鸟区别。

常单独出现，活动于灌丛或林地，喜好在地面活动。

| 1 | 2 | 3 | 4 | 5 | 6 | 7 | 8 | 9 | 10 | 11 | 12 |

L18cm

灰纹鹟 *Muscicapa griseisticta* Grey-streaked Flycatcher

雀形目 鹟科　灰斑鹟

张永 摄

灰色系鹟。嘴黑色，具白色眼圈和较深的眼先，上体灰褐色，无半领环，飞羽较长，超过尾羽1/2位置，下体白色，胸、胁部多具纵纹，但边界清晰，不相互粘连。幼鸟背部多具斑点。

常站立于突出的枝头，飞起捕捉昆虫，再回到同一个树枝或附近位置，这也是北京灰色系鹟的共同习性。

L14cm

乌鹟 *Muscicapa sibirica* Dark-sided Flycatcher

雀形目 鹟科　斑鹟 西伯利亚鹟　　　　　　　三

ad. 李兆楠 摄　　imm. 李炳序 摄

灰色系鹟。嘴全黑，较小，上体灰褐色，具白色半领环，飞羽末端位于尾羽1/2处，喉部白色，胸、胁部多具灰褐色纵纹，边界不清晰，相互粘连，显得整个胸部呈现出褐色，腹部白色。
习性类似灰纹鹟。

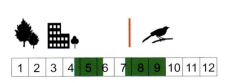

L13cm

北灰鹟 *Muscicapa dauurica* Asian Brown Flycatcher

雀形目 鹟科　小斑鹟 宽嘴鹟 灰鹟　三

张代富 摄

灰色系鹟，嘴黑色，较大，下嘴基部黄色，有别于其他两种灰色系鹟。眼大，白色眼圈明显。上体灰褐色，飞羽较短，末端不至尾羽的 1/2 处。下体污白色，胸侧、胁部沾褐色，没有任何明显的纵纹。
习性类似灰纹鹟。

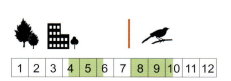

1	2	3	4	5	6	7	8	9	10	11	12

L13cm

白眉姬鹟 *Ficedula zanthopygia* Yellow-rumped Flycatcher

雀形目 鹟科　　鸭蛋黄 三色鹟　　　　　　　　　　三京

M. 尚亚军 摄　　　　　　F. 沈越 摄

雄鸟上体大部黑色，具一明显宽阔的白眉纹，翼上有明显的白色翼斑，腰部及下体大部明黄色，喉部略沾橘红色，下腹部及尾下覆羽白色。雌鸟上体暗黄绿色，具较小的白色翼斑，腰部黄色，与背部对比明显，尾黑色，下体淡黄绿色，尾下覆羽白色。常单独或成对活动于树木中上层，在空中捕食昆虫，但较少站立于突出的枝头。

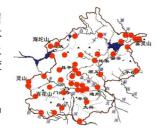

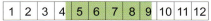

L13cm

绿背姬鹟 *Ficedula elisae* Green-backed Flycatcher

雀形目 鹟科　　绿背黄眉鹟 伊氏鹟 北京姬鹟　　　　三京

M. 许文彬 摄

F. 李兆楠 摄

体型小的橄榄绿色鹟。近年从黄眉姬鹟的东陵亚种 *F.n.elisae* 独立为新种。雄鸟头部深橄榄绿色，眉纹黄色，从眼先至眼后少许。上背为偏灰的橄榄绿色，眼圈、腰、下体亮黄色。胸部非橘黄色，有别于黄眉姬鹟。飞羽黑褐色，外翈沾绿色，翼具小块白斑，尾黑色。雌鸟上体暗橄榄绿色，尾上覆羽、尾羽染绣红色，没有黄色的腰和白色翼斑。下体浅暗黄色。嘴黑褐色，眼暗褐色，脚黑褐色。
习性类似白眉姬鹟。

| 1 | 2 | 3 | 4 | 5 | 6 | 7 | 8 | 9 | 10 | 11 | 12 |

L13cm

黄眉姬鹟 *Ficedula narcissina* Narcissus Flycatcher

雀形目 鹟科　　鸭蛋黄 三色鹟　　　　　　　　　　　三京

M. 洪宛平 摄

雄鸟上体大部黑色，具一明显宽阔的黄色眉纹，翼上有明显的白色长形翼斑，但小于白眉姬鹟的翼斑，腰部橙黄色，喉部略沾橘红色，下腹部及尾下覆羽白色。颏、喉部橙红色，过渡至胸部及上腹部则为明黄色，下腹部及尾下覆羽白色。雌鸟上体橄榄褐色，腰部无黄色，可与白眉姬鹟雌鸟相区别，飞羽颜色较深，外侧尾羽偏棕红色，喉部和上胸略沾褐色，下体余部近白色。
通常在树木中上层活动。

L13cm

鸲姬鹟 *Ficedula mugimaki* Mugimaki Flycatcher

雀形目 鹟科 鸲鹟

三

 ad. M. 余凤忠 摄
 juv. M. 李兆楠 摄
 F. 任立鹏 摄

雄鸟上体黑色,眼后有一斜向下的白斑,翼上有一显著大白斑,内侧次级飞羽羽缘白色,看上去翼上具数条细白线,尾羽基部白色。颏、喉、胸及上腹部橘黄色,下腹部及尾下覆羽白色。雌鸟上体橄榄褐色,头部无白斑,具两道白色翼斑,但前一道往往不明显。喉、胸部为较浅的橘黄色,下体余部白色或淡皮黄色。
常单独出现,多活动于树木中上层。

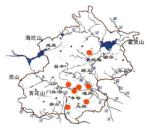

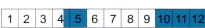

L13cm

红喉姬鹟 *Ficedula albicilla* Taiga Flycatcher

雀形目 鹟科　黄靛颏儿 嗞拉子

褐色的鹟，与其他褐色鹟相比体型更圆润一些。嘴、脚全为黑色，具狭窄的白色眼圈，上体褐色，尾黑色，外侧尾羽基部白色，可与其他褐色鹟相区别。繁殖期雄鸟颏、喉部橘红色，胸部偏灰色，腹部污白色，雌鸟及非繁殖期雄鸟喉部近白色。

过境数量较大，但通常都单独活动，栖息于林地及灌丛，也经常下至地面活动，站立时常向上翘尾。

| 1 | 2 | 3 | 4 | 5 | 6 | 7 | 8 | 9 | 10 | 11 | 12 |

L13cm

红胸姬鹟 *Ficedula parva* Red-breasted Flycatcher

雀形目 鹟科

三

F. 李兆楠 摄

M. 王瑞卿 摄

原为红喉姬鹟的 *F.p.parva* 亚种，现已作为一独立种。与红喉姬鹟相比，下嘴基部均为肉粉色。雄鸟脸颊偏灰色，喉部红色区域延伸至胸部，雌鸟胸部沾红褐色，有别于红喉姬鹟。

在北京主要见于冬季。单独活动于灌木的中下部。

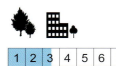

| 1 | 2 | 3 | 4 | 5 | 6 | 7 | 8 | 9 | 10 | 11 | 12 |

L13cm

锈胸蓝姬鹟 *Ficedula erithacus* Slaty-backed Flycatcher

雀形目 鹟科　　铁锈胸蓝鹟　　三

F. 任立鹏 摄

M. 任立鹏 摄

雄鸟嘴全黑色，上体暗蓝灰色，一些个体眼后有一小浅色斑，飞羽黑褐色。外侧尾羽基部白色。喉、胸部橙红色，腹部灰白色。雌鸟上体褐色，尾上覆羽沾棕黄色，尾羽基部无白色，下体浅黄褐色，尾下覆羽颜色较浅。

常单独或成对出现。

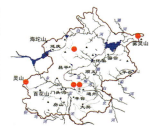

| 1 | 2 | 3 | 4 | 5 | 6 | 7 | 8 | 9 | 10 | 11 | 12 |

L13cm

白腹蓝鹟 *Cyanoptila cyanomelana* Blue-and-white Flycatcher

雀形目 鹟科　白腹姬鹟 白腹蓝姬鹟

F. 李强 摄

M. 沈越 摄

大型鹟。*Cyanomelana* 亚种雄鸟脸、喉及上胸黑色，背部蓝紫色，并具光泽，外侧尾羽基部具不明显白色斑块，下胸及腹部白色。*intermedia* 亚种也有可能出现于北京，其背部偏钴蓝色，喉、胸部略带蓝色光泽。雌鸟上体棕褐色，飞羽颜色略深，颈侧、胸部浅灰褐色，喉部中心、腹部颜色偏白色，不同亚种的雌鸟识别困难。雄性幼鸟头、胸部似雌鸟，但翼、尾部为蓝色。多单独活动于树木中层，几乎从不至地面。

L17cm

白腹暗蓝鹟 *Cyanoptila cumatilis* Zappey's Flycatcher

雀形目 鹟科　琉璃蓝鹟 白腹姬鹟

NT 三京

M. 任立鹏 摄

F. 吴秀山 摄

大型鹟，非常类似白腹蓝鹟。但雄鸟上体靛青色，喉、胸部为较深的靛青色，腹部白色，一些个体胁部亦为靛蓝色。雌鸟似白腹蓝鹟雌鸟，但上体偏灰褐色，单独出现时难与白腹蓝鹟雌鸟相区别。

繁殖于北京中高海拔林区内，常在树木中层活动。

| 1 | 2 | 3 | 4 | 5 | 6 | 7 | 8 | 9 | 10 | 11 | 12 |

L17cm

戴菊 *Regulus regulus* Goldcrest

雀形目 戴菊科　金头莺 呀呀花儿　　　　　　　　三京

娄方舟 摄

似柳莺的小鸟，但更加圆胖。雄鸟头顶黄色，并沾橘红色，两侧具宽阔的黑纹。雌鸟似雄鸟但头部无橘红色。颊部灰色，眼周白色，宽阔明显。上体橄榄绿色，飞羽深灰色，羽缘灰绿色，具两道明显的白色翼斑，下体灰白色。
常单独活动于针叶树上。

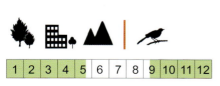

L10cm

401

太平鸟 *Bombycilla garrulus* Bohemian Waxwing

雀形目 太平鸟科　十二黄 黄连雀　　　　　　　　　　三京

娄方舟 摄

李兆楠 摄

通体皮黄色为主，头部颜色略深，具冠羽和宽阔的黑色过眼纹，颏、喉部黑色。一些个体背部及覆羽略发灰色，初级飞羽和次级飞羽具白斑，次级飞羽端部具红色蜡突，雌鸟的红色蜡突不明显，初级飞羽外翈黄色，形成明显的黄色翼斑。尾羽端部黄色，下体颜色较淡，尾下覆羽栗红色。常成群活动，喜爱各种结浆果的植物，会与小太平鸟或鸫类等混群，不同年份数量波动较大。

| 1 | 2 | 3 | 4 | 5 | 6 | 7 | 8 | 9 | 10 | 11 | 12 |

L18cm

小太平鸟 *Bombycilla japonica* Japanese Waxwing

雀形目 太平鸟科　十二红 太平红　　　　　　　　NT 三京

形似太平鸟但体型稍小，与太平鸟区别在于黑色贯眼纹绕过冠羽伸至头后，翅上无黄色翼带，仅次级飞羽羽端呈红色。臀绯红色。尾羽末端具红色端斑。
常与太平鸟混群，活动于树林顶端。

L16cm

领岩鹨 *Prunella collaris* Alpine Accentor

雀形目 岩鹨科　　大山麻雀　　　　　　　　　　　三

嘴尖细，黑色，下嘴基部黄色。虹膜褐色，具不闭合的白色细眼圈。头、胸部灰褐色，喉部颜色较浅，背部棕褐色，具多道黑色纵纹，大覆羽黑色，具白色端斑，但冬季较不明显，腰部栗红色，尾黑色末端栗红色。下体红褐色，两胁具较明显白色斑纹。
常单独或集小群活动于山地裸岩地带或较高海拔灌丛中。

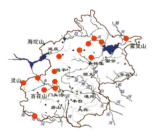

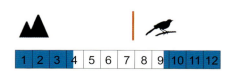

L18cm

棕眉山岩鹨 *Prunella montanella* Siberian Accentor

雀形目 岩鹨科　铃铛眉子

三

吴秀山 摄

嘴尖细，黑色，头顶黑色，眉纹、颊及喉部柠檬黄色，具宽阔的黑色过眼纹。颈侧灰色，背部栗褐色，具浅色纵纹，翼上具明显白色翼斑，尾羽近黑色。胸部棕黄色，略沾栗色，向腹部逐渐变浅，胁部具棕色纵纹。

常单独或集小群活动，多在地面觅食，会与鸦类混群。

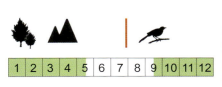

L15cm

山麻雀 *Passer cinnamomeus* Russet Sparrow

雀形目 雀科　红雀 桂色雀 白脸山麻雀　　三

M. 沈越 摄

F. 沈越 摄

雄鸟颇似麻雀，但颜色更加鲜艳，上体呈栗红色，喉部黑色，颊部无黑色斑块。雌鸟似雄鸟，但上体淡褐色，具明显的皮黄色眉纹。
常单独或成对活动。

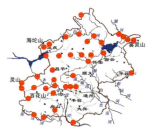

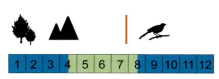

L14cm

麻雀（树麻雀） *Passer montanus* Eurasian Tree Sparrow

雀形目 雀科　　家雀（qiǎo）儿 老家贼 树麻雀　　　　三

董飞 摄

最为人熟知的鸟类。嘴黑色，冬季部分个体嘴基部黄色。头顶、枕部栗色，眼先、喉部黑色，耳羽处具黑色斑块，上体褐色，具深色纵纹，下体皮黄色，冬天一些个体几近黑色。

常成群活动，伴人生活，筑巢于各种孔洞、建筑物缝隙之中。

L14cm

雀形目 PASSERIFORMES
（鹡鸰科 – 鹀科）

鹡鸰　鹨
身材修长，嘴尖，翅形尖长，善于行走的食虫鸟。鹨以棕褐色为主，具纵纹，后爪甚长。鹡鸰、山鹡鸰以黑、白、灰、黄、棕几色为主。多喜开阔地及近水处。

燕雀
嘴厚，颇有力量，上下嘴之间没有缝隙，尾常呈凹形。

铁爪鹀
体型似鹀，雌雄差异较小。栖息于开阔荒原地带。

鹀
体型似燕雀，但上下嘴不能完全合拢，留有缝隙，绝大多数种类的最外侧尾羽具白色外缘。

山鹡鸰 *Dendronanthus indicus* Forest Wagtail

雀形目 鹡鸰科　林鹡鸰 树鹡鸰 刮刮油

三

黄褐色的鹡鸰。眉纹乳白色，翼黑色，具两道白色横翼斑，下体皮黄色，胸部具两道黑色横纹，尾长，褐色，最外侧尾羽白色。脚肉粉色。鸣叫尖锐，带有金属质感。栖息于阔叶林内，常左右摆尾，较其他鹡鸰更喜爱在树上活动。

1	2	3	4	5	6	7	8	9	10	11	12

L16cm

黄头鹡鸰 *Motacilla citreola* Citrine Wagtail

雀形目 鹡鸰科　　金香炉儿

M.（左）F.（右）　李兆楠 摄

雄鸟头、颈部、下体明黄色，背部灰色，接近枕部处黑色，翼黑色，具两道白色翼斑，尾羽黑色，外侧尾羽白色。雌鸟颜色暗淡，头部灰绿色，具一道黄色眉纹，耳羽灰色，边缘清晰，不与枕部相连，可与白鹡鸰及灰鹡鸰幼鸟相区别，且胸部没有深色区域。栖息于水边滩涂。

L17cm

灰鹡鸰 *Motacilla cinerea* Grey Wagtail

雀形目 鹡鸰科　马兰花儿 黄腹灰鹡鸰　　　　　三

non-br. 焦庆利 摄

br. 李兆楠 摄

上体灰色，具白色眉纹和下颊纹，雄鸟颏、喉部黑色，边缘清晰，腰黄色，飞行时显著，翼黑色，尾黑色，比其他鹡鸰都长，外侧尾羽白色，下体从柠檬黄色到浅黄色不等，尾下覆羽黄色，脚角质色。雄鸟非繁殖季节颏、喉部白色。雌鸟全年颏喉部白色，或沾黑色，但边缘模糊。

多单独活动，迁徙时也会集成小群，活动于水边，频繁地上下抖尾，也会飞至树上，飞行时呈明显波浪状。

| 1 | 2 | 3 | 4 | 5 | 6 | 7 | 8 | 9 | 10 | 11 | 12 |

L18cm

白鹡鸰 *Motacilla alba* White Wagtail

雀形目 鹡鸰科　白颊鹡鸰　白马兰花儿　　　　　　　　　三

M.a.leucopsis 沈越 摄

M.a.alboides 王瑞卿 摄

最常见的鹡鸰。由黑、白、灰三色组成。亚种较多，北京可见七亚种，每个亚种都有细微差距。但无论哪种亚种，其顶部、枕部均为黑色，尾黑色，外侧尾羽白色，胸前有巨大的黑色半圆形斑，一些亚种颏部黑色，冬季则变为白色。第一年度冬幼鸟以灰色取代成鸟头部黑色部分，脸部通常沾浅黄色，有时容易误认为黄鹡鸰或灰鹡鸰幼鸟，但白鹡鸰幼鸟耳羽处没有大块灰色区域，可相互区别。

多见于水边，站立时常抖动尾部，飞行呈波浪状，夜间也会在树上休息。各亚种区别见右侧表格。

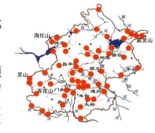

L19cm

白鹡鸰 *Motacilla alba* White Wagtail

M.a.ocularis 沈越 摄

| M. a. leucopsis | M. a. ocularis | M. a. lugens | M. a. alboides | M. a. baicalensis |
| (普通亚种) | (灰背眼纹亚种) | (黑背眼纹亚种) | (西南亚种) | (东北亚种) |

亚种	背	眼纹	颏（夏季）	喉	颈侧黑色是否与胸相连
M. a. personata	灰	无	黑	黑	相连
M. a. baicalensis	灰	无	白	白	不相连
M. a. ocularis	灰	有	黑	黑	不相连
M. a. lugens	黑	有	白	黑	不相连
M. a. leucopsis	黑	无	白	白	不相连
M. a. alboides	黑	无	黑	黑	相连
M. a. dukhunensis	灰	无	黑	黑	不相连

黄鹡鸰 *Motacilla tschutschensis* Eastern Yellow Wagtail

雀形目 鹡鸰科　　黄马兰花

三

M.t.tschutschensis 王瑞卿 摄

M.t.taivana 沈越 摄

黄色为主的鹡鸰。上体从黄绿色至棕黄色、灰绿色不等，翼上覆羽黑色，并具宽阔的灰白色或乳黄色羽缘，与灰鹡鸰区别明显，尾较短，黑色，外侧尾羽白色。下体黄色。喜潮湿的矮草环境，也会出现于农田中，喜好抖尾，飞行呈波浪状，但幅度较浅。黄鹡鸰亚种多，分类复杂。过去的 *M.t.zaissanensis*、*M.t.angarensis*、*M.t.simillima* 三个亚种目前认为属于 *M.t.tschutschensis*。也有观点认为"*simillima*"和"*angarensis*"应属于西黄鹡鸰，而 *tschutschensis* 亚种属于黄鹡鸰。
多见于水边。

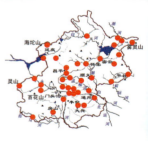

1	2	3	4	5	6	7	8	9	10	11	12

L17cm

黄鹡鸰 *Motacilla tschutschensis* Eastern Yellow Wagtail

M.t.macronyx 李兆楠 摄

M.t. tschutschensis（阿拉斯加亚种）　"angarensis"（"北方东部亚种"）　"simillima"（"堪察加亚种"）　M.t. macronyx（东北亚种）　M.t. taivana（台湾亚种）

亚种	额、头	眉纹
M.t. tschutschensis	灰	完整、宽、白色
"angarensis"	深灰	窄、浅色
"simillima"	灰褐	完整、宽、白色
M.t. taivana	棕黄	黄色
M.t. macronyx	灰	无

布氏鹨（布莱氏鹨） *Anthus godlewskii* Blyth's Pipit

雀形目 鹡鸰科　平原鹨 小麦雀　　三

沈越 摄

类似田鹨，但体型略小，站姿略平，和田鹨相比，布氏鹨嘴较短，上嘴黑色，下嘴肉粉色，端部黑色，背部纹路边缘清晰，中覆羽黑斑较钝，类似方形上伸出一个很细的尖角，浅色羽缘也更宽，与田鹨相比，尾较短，下体颜色通常比田鹨更淡，胸前具深色细纵纹，腿粉色，但较短，后爪也比田鹨更短。

更常出没于较干燥的环境，也会出现在稀疏树林中。北京主要见于迁徙季，在高海拔山区草地（百花山）、多岩石地带亦有繁殖个体。

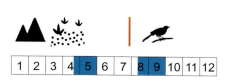

L16cm

田鹨（理氏鹨） *Anthus richardi* Richard's Pipit

雀形目 鹡鸰科　花鹨

三

任立鹏 摄

体大，站姿非常挺拔的鹨。嘴较长，较粗壮，上嘴黑色，下嘴肉粉色，端部黑色，具较宽的浅色眉纹，上体棕褐色，背部纹路深色，较模糊，中覆羽黑斑尖锐，可与布氏鹨相区别，尾较长，下体色淡，髭纹较细，胸前具深色细纵纹，腿粉色，较长，后爪非常长，较平直。
栖息于开阔矮草地，飞行呈波浪状。

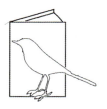

| 1 | 2 | 3 | 4 | 5 | 6 | 7 | 8 | 9 | 10 | 11 | 12 |

L18cm

417

草地鹨 *Anthus pratensis* Meadow Pipit

雀形目 鹡鸰科 三

顾嘉迅 摄

上嘴黑色，下嘴黄色，尖端黑色，上体偏黄绿色，头顶斑纹清晰，几乎没有眉纹，仅眼上方略白，背部深色纵纹明显，边界清晰，粗细一致，有别于黄腹鹨，但腰部无纵纹，下体污白色，胸部深色纵纹明显清晰，并延伸至胁部，与黄腹鹨相比更加细长，脚近粉色。
常单独出现，活动于水边草地中。

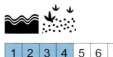

| 1 | 2 | 3 | 4 | 5 | 6 | 7 | 8 | 9 | 10 | 11 | 12 |

L15cm

树鹨 *Anthus hodgsoni* Olive-backed Pipit
雀形目 鹡鸰科　麦如蓝儿 木鹨

三

br. 沈越 摄

中等大小的鹨。眉纹白色，不延伸至眼前，眉纹上方有一道黑色纹路，耳羽后部通常有一白点，可与其他鹨相区别，上体橄榄绿色，具不明显的深色纵纹。髭纹黑色，下体白色，胸部沾棕黄色，胸、胁部具明显黑色纵纹，脚肉粉色。

单独或成小群活动，多栖息于林地，常在地面觅食，较其他鹨更常上下摆尾。北京主要见于迁徙季和冬季，在雾灵山亦可能有繁殖个体。

L16cm

419

红喉鹨 *Anthus cervinus* Red-throated Pipit

雀形目 鹡鸰科

三

non-br. 朱英 摄

br. 李兆楠 摄

嘴黑色，下嘴基部黄色，繁殖羽眉纹、喉、胸部均为红色，特征明显，不会被认错。非繁殖羽上体棕褐色，眉纹皮黄色，喉部皮黄色，背部具两道浅色纵纹，但有时不太明显，下体纵纹较深，延伸至胁部，三级飞羽较长，停歇时超过初级飞羽，可以与北鹨相区别。脚肉色。

常单独或成小群活动，也会与黄腹鹨、水鹨混群，于开阔湿草地、河滩上觅食，整体站姿较平。

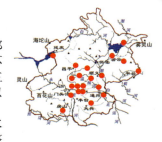

L15cm

北鹨 *Anthus gustavi* Pechora Pipit

雀形目 鹡鸰科　冰鸡　　　　　　　　　　　　　　三

何坚 摄

三北大猫 摄

马德成 摄

似红喉鹨，但嘴黑色，下嘴基部粉色，与红喉鹨有所不同。眉纹不明显，背部具两道明显的白色纵纹，翼斑比红喉鹨更粗，和覆羽对比较为明显，三级飞羽较短，停歇时初级飞羽略超过三级飞羽，可与红喉鹨相区别。髭纹较细，颏、喉白色，胸部略沾棕色，具纵纹，并延伸至胁部，腹部纯白色。

较少鸣叫，多单独活动于湿润的草地或水域附近的芦苇、灌丛处。

| 1 | 2 | 3 | 4 | 5 | 6 | 7 | 8 | 9 | 10 | 11 | 12 |

L14cm

黄腹鹨 *Anthus rubescens* Buff-bellied Pipit

雀形目 鹡鸰科 三

br. 李兆楠 摄

non-br. 张永 摄

繁殖季嘴全黑色，非繁殖季下嘴基部黄色。上体偏灰棕色，头顶斑纹较模糊，眉纹浅色，较粗，通常不明显，浅色的眼圈完整，背部具不明显的深色纵纹，下体浅土黄色，胸前密布深色粗纵纹，常似水滴状或椭圆状，向下延伸至胁部，向上在颈侧形成黑色色块。脚浅棕色。
单独或成小群活动，常出没于水边，行走时尾部常上下摆动。

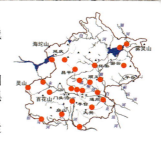

L15cm

水鹨 *Anthus spinoletta* Water Pipit

雀形目 鹡鸰科 冰鸡

三

繁殖季嘴、脚均为黑色，上体灰褐色，头顶斑点较清晰，具浅色眉纹，较平直，可与粉红胸鹨区别，但一些个体眉纹不明显，眼圈浅色，不完整，可与黄腹鹨区别，背部具不明显深色纵纹，下体白色，略沾粉红色，具稀疏、较细的纵纹。非繁殖季下嘴黄色，跗跖从粉色至黑褐色不等，下体纯白色，纵纹更加明显，颈侧形成三角形黑斑，但范围较小，颜色也较浅。
常单独或数只活动于水边，在地面快速行走，并轻微颤动尾部。

L16cm

粉红胸鹨 *Anthus roseatus* Rosy Pipit

雀形目 鹡鸰科

三

br. 李兆楠 摄

嘴黑色，下嘴基部黄褐色或肉粉色，眼先颜色较深，眉纹较宽较长，皮黄色，通常在耳羽后部向下弯曲，区别于水鹨，背部棕色，沾绿色色调，深色棕纹粗重明显，下体白色，两胁略沾棕黄色，胸、胁部多具粗重的深色纵纹。繁殖羽眉纹、颈侧、胸部至上腹部均为粉红色，胸部无斑纹，或仅有少量零散的黑色斑纹，胁部略具斑纹，脚粉色。

于北京周边高海拔山区繁殖，迁徙时通常见于湿润的草地、河湖滩地。

| 1 | 2 | 3 | 4 | 5 | 6 | 7 | 8 | 9 | 10 | 11 | 12 |

L16cm

金翅雀 *Chloris sinica* Grey-capped Greenfinch

雀形目 燕雀科　金翅儿

三京

ad.（左）juv.（右）唐俊颖 摄　赵云天 摄

雄鸟头、颈部青灰色，眼先颜色较深，隐约可见一条黄色眉纹，背部和肩羽及翼覆羽褐色，飞羽黑色，具白色端斑，初级飞羽上具黄色斑块，飞行时明显可见。喉部黄色，胸、腹部棕褐色，腹部中央及肛周近白色，尾下覆羽黄色。冬季整体更沾灰色。雌鸟似雄鸟，但色彩较淡，头部隐约可见深色纹路。幼鸟腹部近白色，具明显深色纵纹。

常结成小群至大群活动，会下至地面觅食，直线快速飞行，叫声清脆带有金属声。

L15cm

苍头燕雀 *Fringilla coelebs* Common Chaffinch
雀形目 燕雀科

三

F. 陈代伟 摄

M. 陈斌 摄

似燕雀，但雄鸟颜色更加鲜艳。头顶、枕部及颈侧灰色，脸部、上背栗褐色，具白色肩斑及淡黄绿色翼斑，下背、腰部沾黄绿色，尾黑色，下体淡栗红色，至肛周接近白色。雌鸟似燕雀雌鸟，但斑纹较少，整体呈褐色，并明显沾有绿色，下体颜色更深，可以明显与燕雀雌鸟相区别。
苍头燕雀在华北常单独出现于大群燕雀中，偶有结成小群活动的苍头燕雀。

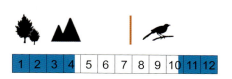

L15cm

燕雀 *Fringilla montifringilla* Brambling

雀形目 燕雀科　燕雀（qiǎo）儿 虎皮雀　　　　　三京

雄鸟繁殖羽头顶至背部为黑色，腰及尾上覆羽白色，在飞行时非常明显，翼及尾黑色，喉、胸及肩羽棕红色，大覆羽端部亦为棕红色或浅棕色，飞羽羽缘颜色较浅。腹部近于白色。冬季雄鸟颜色较为平淡，特别是头、背部黑色更显斑驳，如同褪色一般。雌鸟似雄鸟，但更为暗淡，以灰褐色取代雄鸟身体的黑色部分。
常成小群至大群活动，喜在白蜡树上觅食，也至地面取食，有时和鸫类、金翅雀等鸟类混群活动。

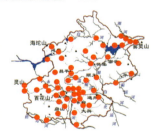

L16cm

黑尾蜡嘴雀 *Eophona migratoria* Chinese Grosbeak

雀形目 燕雀科　皂儿（雄）　灰儿（雌）　　　　三京

M.（前）F.（后） 李兆楠 摄

粗壮的雀。嘴大，黄色，大部分个体端部黑色。雄鸟头部黑色，颈部、胸部灰褐色，背、肩部浅褐色，初级飞羽黑色，端部白色，可与黑头蜡嘴雀相区别，次级飞羽蓝灰色，具白色羽端，初级大覆羽端部白色，形成一翼上白斑，腰部、尾上覆羽灰白色，尾蓝灰色。下体灰色，胁部橘黄色。雌鸟色彩较为暗淡，并无黑色"头罩"，胁部也没有橘黄色。

常成群活动，飞行迅速，飞行略呈波浪状。

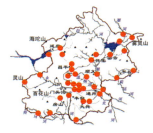

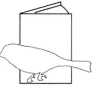

L17cm

黑头蜡嘴雀 *Eophona personata* Japanese Grosbeak

雀形目 燕雀科　梧桐 蜡嘴　　　　　　　　　三京

沈强 摄

大型、粗壮的雀。似黑尾蜡嘴雀，但体型更大，嘴巨大，纯黄色而无黑色，头部黑色止于眼后。飞羽端部黑色，翼上具一白斑。胁部不沾橘黄色。
通常单独或集小群活动，有时也与其他鸟类混群。

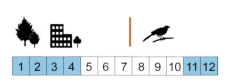

L21cm

锡嘴雀 *Coccothraustes coccothraustes* Hawfinch

雀形目 燕雀科　老锡子　　　　　　　　　　三京

体态壮硕的雀。嘴大厚重,非繁殖期肉粉色,尖端黑色,繁殖期铅灰色。头部棕色,顶部颜色较淡,眼先、嘴基和颏部黑色,颈部灰色,背部栗褐色,腰、尾棕黄色,尾较短,末端白色,略内凹。翼上覆羽白色,初级飞羽黑色,次级飞羽蓝黑色并具金属光泽,部分初级飞羽和次级飞羽羽端呈方形。

常单独活动,通常较为安静。

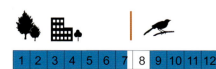

L17cm

红腹灰雀 *Pyrrhula pyrrhula* Eurasian Bullfinch

雀形目 燕雀科

M. 了然 摄

F. 赵云天 摄

体态圆胖的雀，国内共四亚种，据影像资料，北京分布的应为 *P.p. pyrrhula*。其雄鸟嘴黑色，厚且短小，额、头顶、枕部、眼先与颏部黑色，背部灰色，大覆羽及飞羽黑色，大覆羽端部白色，形成明显的白色翼斑，腰部白色，尾羽黑色，沾蓝色金属光泽。颊部、下体朱红色，下腹部至尾下覆羽白色。雌鸟似雄鸟，但红色部分较淡，呈现淡葡萄红色。这一亚种的雌鸟背部亦沾葡萄红色。

常集小群活动，但于北京通常单独出现。

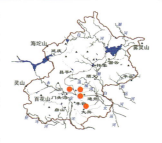

 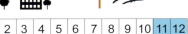

L17cm

431

普通朱雀 *Carpodacus erythrinus* Common Rosefinch

雀形目 燕雀科　马料 红马料（雄）青马料（雌）

雄鸟嘴黑色，短粗，春季时头部为鲜艳的洋红色，具一深色过眼纹，背部暗红色，杂以褐色纹路，翼及尾暗褐色，羽缘红褐色，腰及尾上覆羽玫红色。下体红色延伸至两胁，尾下覆羽近白色。冬季时羽色更暗，呈暗红色。雌鸟上体黄褐色，并具深色纵纹，中覆羽和大覆羽羽缘灰白色，形成两道翼斑，下体浅橄榄褐色，具较细的深色纵纹，尾下覆羽白色。

通常单独或小群出现，冬季常出没于长有浆果的灌丛中。

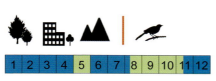

L16cm

中华朱雀（红眉朱雀） *Carpodacus davidianus*
Chinese Beautiful Rosefinch
雀形目 燕雀科

三京

M. 李兆楠 摄

F. 李兆楠 摄

雄鸟额部、眼先暗红色，头顶玫瑰红色，枕部侧面、颊、喉部粉红色，过眼纹褐色，上体褐色，具深色纵纹，翼覆羽羽缘粉红色，尾黑色。下体粉红色，胁部具深色纵纹。与普通朱雀雄鸟相比，整体更偏粉红色，有时有"比较脏"的感觉。雌鸟棕色，与普通朱雀雌鸟相比，背部及下体纵纹更加粗重明显，翼斑较不明显。

常成小群活动，栖息于灌丛中，多于地面觅食。

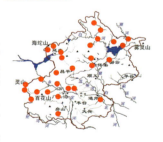

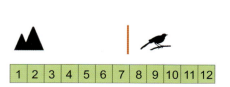

| 1 | 2 | 3 | 4 | 5 | 6 | 7 | 8 | 9 | 10 | 11 | 12 |

L14cm

433

中华长尾雀 *Carpodacus lepidus* Chinese Long-tailed Rosefinch

雀形目 燕雀科　落叶红　　　　　　　　　　　三京

雄鸟头顶、枕、胁、背部褐色，并杂以玫红色纵纹，眉纹、颊、喉部浅粉色或近白色，额、嘴基、过眼纹深红色，宽阔明显。飞羽黑褐色，具明显白色翅斑，下体粉红色，尾较长，近黑色，外侧尾羽白色。与长尾雀相比整体更加鲜艳，过眼纹明显。雌鸟棕褐色，具两道白色翼斑。

冬季常单独或结成小群出现于较高海拔地区的灌丛中。

L15cm

长尾雀

Carpodacus sibiricus　Long-tailed Rosefinch

雀形目　燕雀科　靠山红

三京

F.（左）M.（右）任立鹏 摄

雄鸟似中华长尾雀，眼周、额部及颏玫红色，头顶、颊部白色，并具细微玫红色纹，无明显的红色过眼纹，可与中华长尾雀相区别。雌鸟似中华长尾雀雌鸟，背及胸部具深色纵纹，较中华长尾雀更加明显，翼上具两道白色翼斑，与中华长尾雀比较，第二道翅斑更宽，白色范围更大。

习性类似中华长尾雀，在北京记录较少。

L15cm

北朱雀 *Carpodacus roseus* Pallas's Rosefinch

雀形目 燕雀科　靠山红　　　　　　　　　　　　　Ⅱ

F. 赵云天 摄

M. 李兆楠 摄

雄鸟玫红色，额、喉部及肩角白色，眼先颜色较暗，背部具浓重的黑色纵纹，翼黑色，中覆羽及大覆羽端部颜色较浅，次级飞羽及三级飞羽羽缘白色，腰部及尾上覆羽颜色较浅，下体粉红色，腹部中央白色。第一年雄鸟颜色偏朱红色。雌鸟褐色，上体具深色纵纹，额、颊及喉部及上胸橘红色，腰部及尾上覆羽粉色，下体浅褐色，胁部具深色纵纹。

常集小群活动，多于地面觅食，也会和其他小鸟混群。

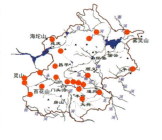

L16cm

白腰朱顶雀 *Acanthis flammea* Common Redpoll

雀形目 燕雀科　朱点儿

三京

雄鸟头顶红色，眼先暗褐色，颊部褐色，上体褐色，具黑色纵纹，翼上具明显的白色翼斑，腰部灰白色，具深色纵纹。喉、胸部粉红色，腹部近白色，胁部具深色纵纹。雌鸟似雄鸟，但喉、胸部无粉红色。常成小群活动，在城区中记录多为单独个体。

L13cm

红交嘴雀

Loxia curvirostra Red Crossbill

雀形目 燕雀科　　交子 交嘴 红交子（雄）青交子（雌）　　Ⅱ

 M. 王瑞卿 摄

 F. 王瑞卿 摄

嘴型特殊的雀。上、下嘴先端交叉。雄鸟朱红色，有一较深的过眼纹，耳羽处颜色较深，翼及尾褐色，尾下覆羽白色。雌鸟似雄鸟，但整体黄绿色，嘴交叉的方向与雄鸟相反，头顶、背部多深色斑点。
常单独或成对活动，栖息于针叶林中，多在树上活动。

| 1 | 2 | 3 | 4 | 5 | 6 | 7 | 8 | 9 | 10 | 11 | 12 |

L17cm

黄雀 *Spinus spinus* Eurasian Siskin

雀形目 燕雀科　黄雀（qiǎo）儿　　　三京

F.（左）M.（右）　宋晔 摄

体小、嘴较尖细而直的雀。雄鸟头顶、枕、颊部黑色，眉纹明黄色，颊部黄褐色，上体黄绿色，具黑色纵纹，翼黑色，具两道黄色翼斑，腰及尾上覆羽黄色，尾黑色，内凹明显。喉、胸部黄色，下腹部及尾下覆羽白色，两胁具明显深色纵纹。雌鸟似雄鸟，但黑色不明显，头顶较灰，下体自胸部开始近白色，纵纹更浓密明显。常单只或小群活动，多活动于树上。

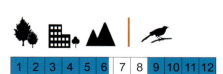

L12cm

粉红腹岭雀 *Leucosticte arctoa* Asian Rosy Finch

雀形目 燕雀科　北岭雀 北红地雀　　　三

雄鸟嘴黄色，尖端略黑，头顶、颊、颔及喉部深灰色，眼后至枕、颈侧棕黄色，背部褐色，具深色纹路，小覆羽粉红色，中覆羽、大覆羽及飞羽羽缘亦沾粉红色，尾黑色，羽缘白色。下体浅色，羽缘深色，形成"鳞状斑"样，腹、胁部通常沾粉红色。雌鸟似雄鸟，但粉色较少，仅覆羽及胁部略沾粉色。

于北京并不稳定出现，常数年罕有记录，出现时常结成大群活动，于地面觅食，在山谷中游荡，行踪飘忽。

| 1 | 2 | 3 | 4 | 5 | 6 | 7 | 8 | 9 | 10 | 11 | 12 |

L16cm

铁爪鹀 *Calcarius lapponicus* Lapland Longspur

雀形目 鹀科　铁爪子 雪眉子

三

non-br. 李兆楠 摄

冬季嘴粉褐色，头顶近黑色，眉纹皮黄色，颊部皮黄色，边缘黑色，背部褐色，具深色纵纹，大覆羽、次级飞羽及三级飞羽栗色，尾较短。下体白色，具黑色髭纹，胁部具深色纵纹。脚黑色。冬末初春时节北京可见正在更换繁殖羽的个体，嘴黄色，尖端黑色，头顶、脸部及喉胸部逐渐变为黑色，后颈呈现栗红色，整体体色变得更加鲜艳。

冬季常集大群活动，于地面觅食，遇惊扰则集群飞起。迁徙季节常单独或成小群出现。

| 1 | 2 | 3 | 4 | 5 | 6 | 7 | 8 | 9 | 10 | 11 | 12 |

L16cm

441

灰头鹀 *Emberiza spodocephala* Black-faced Bunting

雀形目 鹀科　青头鹀　　　　　　　　　　　　　　　　　三

E.s.spodocephala　M. 王昀 摄

E.s.spodocephala　F. 高翔 摄

E.personata　M. 蔡震波 摄

上嘴黑色，下嘴粉色，嘴尖深色，略具冠羽的鹀。华北地区常见的 *spodocephala* 亚种雄鸟头、喉及胸部灰色，眼先略深，上体浅棕色并有黑色纵纹，腰部浅褐色，下体余部黄色，胁部隐约具零散纵纹。雌鸟头部橄榄褐色，具浅色眉纹和髭纹，喉部浅黄色。胁部纵纹较雄鸟更加明显。原 *personata* 亚种于北京有罕见记录，其具有淡黄色眉纹，喉、胸部均为黄色。现已独立成种，即日本灰头鹀 *E.personata*。
常单独或集小群活动，多栖息于灌丛之中。

L14cm

栗斑腹鹀 *Emberiza jankowskii* Jankowski's Bunting

雀形目 鹀科

EN I

F. 任立鹏 摄

M. 任立鹏 摄

整体看似三道眉草鹀，但诸多细节上有所区别。和三道眉草鹀相比，栗斑腹鹀冬羽的整体颜色更偏灰色，雄鸟头顶浅棕色，耳羽近灰色或灰褐色，髭纹黑色，腹部灰褐色，腹部中央有一栗色斑块，雌鸟似雄鸟，但胸部略具纵纹，腹部斑块更小甚至不可见。

2016年1月于北京再次被发现，距上一次出现在北京（1941年）已时隔七十余年。冬季在北京所见多成小群或单独出现于水边灌丛之中，记录稀少，但不排除有被误认为三道眉草鹀的可能。

L15cm

黄鹀 *Emberiza citrinella* Yellowhammer
雀形目 鹀科

三

non-br. F. 清风皓月38 摄

non-br. M. 王冰玲 摄

体大的鹀。头顶灰褐色，沾黄色，头、颈侧、胸部黄绿色或黄色，颊部灰黄色，有不明显的深色眼纹和下颊纹。背部、翼上覆羽褐色，具深色纵纹，腰部栗红色，尾暗褐色，外侧尾羽白色。下体黄色，胸、胁部具深色纵纹。黄鹀与白头鹀存在杂交个体，形态特征多样，通常同时具有黄鹀和白头鹀的一些特征。
在华北地区出现于冬季，常与白头鹀混群，活动于树上。

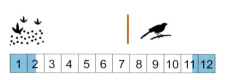

L17cm

白头鹀 *Emberiza leucocephalos* Pine Bunting

雀形目 鹀科 白发鹀 白冠雀

三

M. 徐永春 摄

F. 赵云天 摄

体大的鹀。雄鸟头顶白色，侧冠纹黑色，白色颊部的后方边缘黑色，脸部其余位置和喉部栗红色，肩、背部红褐色，具深色纵纹。下体白色，上胸及胁部具栗色斑纹。雌鸟颜色暗淡，脸部白斑不如雄鸟明显，下体栗色也较淡。
冬季常成群出现，于树上活动，也至地面觅食。

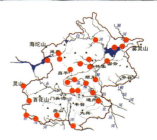

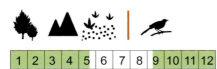

L17cm

灰眉岩鹀（戈氏岩鹀） *Emberiza godlewskii* Godlewski's Bunting

雀形目 鹀科　灰眉子 灰头雀

三

体型略大的鹀。头、喉及胸部灰色，侧冠纹、眼纹栗色，眼先及髭纹黑色，背褐色，具深色纵纹，腰部栗红色。下体棕褐色。雌鸟颜色稍淡，胸部灰色范围稍小。与三道眉草鹀区别在于头、胸部灰色，幼鸟头、背、胸部具深色纵纹，在野外与三道眉草鹀较难区别。

繁殖季常出现于多岩石的山区，活动于灌丛之中，冬季集成小群至大群活动，于地面觅食。

L17cm

446

三道眉草鹀 *Emberiza cioides* Meadow Bunting

雀形目 鹀科　山眉子 山麻雀　　　　　　　　　　三 京

体型略大的棕色鹀。雄鸟头顶、枕、颊部栗色，眉纹、下颊纹、喉白色，髭纹黑色，背部褐色，具深色纵纹，腰部棕褐色，胸部栗红色，至腹部逐渐变淡。雌鸟似雄鸟，但颜色较为暗淡，眉纹、下颊纹皮黄色，胸部也呈棕黄色。幼鸟似灰眉岩鹀幼鸟，但中央尾羽棕色羽缘较宽。
多呈小群活动于灌丛之中。

| 1 | 2 | 3 | 4 | 5 | 6 | 7 | 8 | 9 | 10 | 11 | 12 |

L16cm

白眉鹀 *Emberiza tristrami* Tristram`s Bunting

雀形目 鹀科　三道眉 五道眉　　　　　　　三

br. M. 洪宛平 摄

F. 娄方舟 摄

雄鸟头、喉部黑色，冠纹、眉纹和下颊纹白色，背部褐色，具深色纵纹，腰及尾上覆羽栗红色，胸、胁部棕褐色，下体余部白色。雌鸟似雄鸟，但头部纹路浅黄或沾棕色，喉部棕褐色，胸、胁部有不明显纵纹。与黄眉鹀相比，眉纹无明显黄色，尾部颜色较浅，喉部较深，与田鹀相比，腰部无鱼鳞状斑纹。
常单独活动于林下。

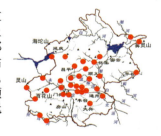

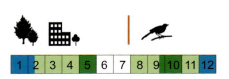

L15cm

黄眉鹀 *Emberiza chrysophrys* Yellow-browed Bunting

雀形目 鹀科　黄眉子 大眉子 五道眉　　三

M. 余凤忠 摄

F. 牟宪波 摄

雄鸟头部黑色，顶冠纹白色，眉纹黄色，后端白色，颊部栗色，后端有一小白斑，下颊纹白色，髭纹黑色。上体棕褐色，背部具深色纵纹，腰及尾上覆羽栗红色，下体白色，胸侧、胁部沾棕色，胸、胁部具深色细纵纹。雌鸟似雄鸟，但头部以褐色为主，下体纵纹较少。
常单独或集小群活动，性情较其他鹀类隐匿。

| 1 | 2 | 3 | 4 | 5 | 6 | 7 | 8 | 9 | 10 | 11 | 12 |

L15cm

小鹀 *Emberiza pusilla* Little Bunting

雀形目 鹀科　虎头儿 红脸鹀　　　　　　　三京

马宏茹 摄

小型鹀。头部棕红色，侧冠纹黑色，眉纹皮黄色，有明显的白色眼圈，颊部后方有一浅色斑点，下颊纹白色，髭纹黑色，喉部白色。背褐色，具深色纵纹，下体白色，喉、胸、胁部均具黑色纵纹。非繁殖期颜色较为暗淡。整体更偏褐色。
常单独或集小群活动，多在地面觅食，是北京最为常见的鹀类之一。

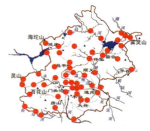

L13cm

栗耳鹀 *Emberiza fucata* Chestnut-eared Bunting

雀形目 鹀科 赤胸鹀

三

br. M. 孙驰 摄

头顶、枕、颈侧灰色，密布黑色纵纹，具明显的白色眼圈，隐约可见一条狭窄的白色眉纹，颊部栗红色，下颊纹白色，髭纹黑色，并延伸至胸前。背部栗色，具明显的宽阔黑纹，尾近黑色。喉、胸部白色，喉下方有一黑色纵纹形成的斑带，胸部有一栗色狭窄胸带。下体余部皮黄色，胁部沾褐色，并有深色纵纹。
常单独出现于水边的湿润草地或灌丛中，绝少进入茂密的林地。

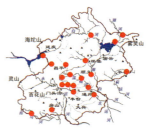

| 1 | 2 | 3 | 4 | 5 | 6 | 7 | 8 | 9 | 10 | 11 | 12 |

L16cm

田鹀 *Emberiza rustica* Rustic Bunting

雀形目 鹀科　田雀 白眉子

VU 三

F. 李强 摄

M. 陈斌 摄

雄鸟嘴端部及嘴峰黑色，余部粉色。头顶及枕部黑色，枕部中央白色，具短冠羽，眉纹宽阔，白色或浅黄色。颊部黑色或棕褐色，后部有一小白斑，下颊纹白色，背部栗色，具黑色纵纹，腰部具栗红色鳞状斑。髭纹黑色，胸部有一黑色和栗色斑形成的胸带，胁部多栗色纵纹，下体余部白色。繁殖季颜色更加鲜艳，黑色和栗红色对比明显。雌鸟似雄鸟，但颜色暗淡，黑色部分通常被黄褐色取代，栗红色部分多偏土黄色。

常成小群活动。

| 1 | 2 | 3 | 4 | 5 | 6 | 7 | 8 | 9 | 10 | 11 | 12 |

L13cm

黄喉鹀 *Emberiza elegans* Yellow-throated Bunting

雀形目 鹀科　黄眉子

三京

M. 洪宛平 摄

M. 洪宛平 摄

F. 洪宛平 摄

具有短冠羽的鹀。雄鸟头顶黑色,具宽阔的黄色眉纹,延伸至枕部,眼周、颊部黑色,颏、喉部黄色。背部褐色,具深色纵纹,腰部灰色,胸部具半圆形黑色斑块,腹部白色,胁部略具棕色纵纹。雌鸟似雄鸟,但较暗淡,以褐色取代雄鸟的黑色,皮黄色取代黄色,胸部黑色半圆斑往往不明显。与田鹀雌鸟主要区别在于无黑色髭纹,腰部发灰色而不是栗红色。

常成小群活动于树上。

L15cm

黄胸鹀 *Emberiza aureola* Yellow-breasted Bunting

雀形目 鹀科　黄胆 禾花雀

CR I

雄鸟额、脸、喉部黑色，上体栗褐色，肩部具一大白斑，下体明黄色，具一栗色胸带。雌鸟眉纹皮黄色，具白色小肩斑，背部棕褐色，具深色纵纹，下体浅黄色，没有胸带，胁部具褐色纵纹。幼鸟似雌鸟，但下体沾褐色，胸部具纵纹。

多活动于近水的高草地、芦苇地中。曾经过境数量很大，但现在已为极危物种，通常单独或小群出现。

| 1 | 2 | 3 | 4 | 5 | 6 | 7 | 8 | 9 | 10 | 11 | 12 |

L15cm

栗鹀 *Emberiza rutila* Chestnut Bunting

雀形目 鹀科　紫背　　　　　　　　　　　三

M. 沈越 摄　　　　　　　　　　F. 沈越 摄

雄鸟头、胸部及上体栗红色，腰部颜色较浅，飞羽暗褐色。腹部及尾下覆羽明黄色，胁部具不明显的深色纵纹。雌鸟上体栗褐色，有宽阔深色纵纹，但并无白色肩斑，可与黄胸鹀雌鸟相区别，腰部明显为栗红色，喉部浅黄色，髭纹黑色，下体余部黄色，胸、胁部具深色纵纹。
常集小群活动于林地、灌丛中，于地面觅食。

L15cm

红颈苇鹀 *Emberiza yessoensis* Ochre-rumped Bunting

雀形目 鹀科 红颈鹀

NT 三

non-br. 张永 摄

br. 高原 摄

整体偏棕红色的鹀。冬季嘴粉红色，嘴峰黑色，略有弧度，头顶黑色，冠纹褐色，眉纹宽阔，黄褐色，一些个体杂有黑斑，颊部为斑驳的黑色，黑斑的后部通常上翘，下颊纹黄褐色，髭纹黑色，后颈部明显沾红色或红棕色，与苇鹀及芦鹀区别明显，上体为偏暖色调的红棕色或褐色，具深色纵纹，小覆羽偏蓝灰色，腰部棕红色，下体皮黄色，胸、胁部具棕色纵纹。春季可见向繁殖羽转换个体，嘴转向黑色，头部黑色加重，范围扩大，直至均为黑色。多活动于水边灌丛之中。

| 1 | 2 | 3 | 4 | 5 | 6 | 7 | 8 | 9 | 10 | 11 | 12 |

L15cm

456

苇鹀 *Emberiza pallasi* Pallas's Bunting

雀形目 鹀科　苇蓉

三

br. 娄方舟 摄

non-br. 李兆楠 摄

整体更偏灰褐色的鹀。冬季上嘴黑色，下嘴粉色，较细小，嘴峰平直。头部沙褐色，头顶常沾细碎黑斑，下颊纹白色，髭纹黑色，后颈偏灰褐色，可与红颈苇鹀相区别，小覆羽灰色，可与芦鹀相区别。腰土黄色，略沾灰色。下体白色或皮黄色。春季末期或秋初可见带有繁殖羽的个体，头部黑色，但下颊纹仍为白色，后颈近白色。
通常成小群栖息于水边芦苇丛或灌丛中，较为活跃。

L14cm

芦鹀 *Emberiza schoeniclus* Reed Bunting

雀形目 鹀科   大苇蓉

三

换羽中 赵云天 摄

non-br. 王瑞卿 摄

类似苇鹀的鹀，但整体颜色更偏棕色，嘴全黑色，较厚，嘴峰具有弧度，小覆羽棕色可与苇鹀相区别，腰灰褐色。
常单独出现，栖息于水边芦苇丛中，也在水边树上活动。

L15cm

北京鸟类研究简史

北京地处华北平原的西北端，被两大山脉环抱。北部是燕山山脉的军都山，西部是太行山余脉的西山，两大山脉相交于昌平关沟一带。形成一个向东南展开的半圆形大山湾，美国地质学家贝利·维里斯（Bailey Willis）在1907年的著作中，形容这片半封闭的小平原为"北京湾"。其海拔从2303m的东灵山至海拔仅8m的通州柴厂屯一带。除此之外，北京还有永定河、潮白河、北运河、大清河、蓟运河五大水系，正是在这五条大河的冲刷下，才有了脚下这片山前洪积冲积平原——北京小平原。

北京的土地面积为1.64万平方公里，占我国土地面积的0.17%，而现已记录到的鸟类种数却高达500多种，超过全国鸟种数的1/3。如此大小的土地面积，一座常住人口超过3000万的国际化大都市，何以能有如此种类繁多的鸟类，这与北京地区的复杂多样的环境和所处的地理位置是决然分不开的。首先，从动物区系角度分析，北京属古北界，但也有不少东洋界鸟种的渗透和一些广布种的出现。按中国动物地理区划，北京属华北区，西边的太行山脉将其分为黄土高原亚区和黄淮平原亚区；而北京西北方接近蒙新区的草原亚区；东北部山区又衔接东北区的长白山亚区，北京正处在这三个大区四个亚区的分界线上，各大区亚区的鸟种皆有渗透。其次，北京位于东亚-澳大利西亚候鸟迁徙路线上，以至每年春秋两季迁徙过境的旅鸟种类尤为丰富，甚至达到北京鸟种记录之半。并且北京毗邻渤海湾，一些海洋性的鸟类也会偶至北京。最后，不得不提的就是观察者效应。北京有着为数众多的观鸟者，正是他们的贡献，使得近20年来北京地区鸟类分布的种类逐年递增，现已达520余种。而这520余种绝非一朝一夕之功，乃是历经上百年，几代中外学者和观鸟者的不断积累。

北京地区的鸟类科学研究，最早可追溯到19世纪。1863年，英国人斯文侯（R.Swinhoe）在伦敦动物学会会学报上发表的文章，其中涉及其在北京发现的星头啄木鸟*scintilliceps*亚种（《中国鸟类区系纲要》《北京鸟类志》《中国动物志》等书均误写为1853年）和云雀*pekinensis*亚种。1864年，G.R.Gray根据采自北京西北山地的标本，发表了勺鸡*xanthospila*亚种。1865年，Milne-Edwards与Verreaux分别发表并命名了由法国人谭卫道（Armand David）在北京采集的棕眉柳莺*phylloscopus armandii*和黑头䴓*Sitta villosa*。1868年，斯文侯再次从广州出发，途径烟台、天津、北京，直到张家口。就在这一年，斯文侯在北京的山区发现了山鹛和山噪鹛，并正式发表在顶级鸟类学杂志《IBIS》上，将其命名为*Rhopophilus pekinensis*（山鹛）和*Garrulax davidi*（山噪鹛）。而山鹛的学名种加词即"北京"之意，也是全世界唯一以北京命名的鸟类。除此之外，斯文侯在北京还发现了多个鸟类新亚种，如纵纹腹小鸮*plumipes*亚种（1870）；普通雨燕*pekinensis*亚种（1870），即人们耳熟能详的"北京雨燕"；红嘴山鸦*brachypus*亚种（1871）；红嘴蓝鹊*brevivexilla*亚种（1873），而对于稻田苇莺*concinens*亚种，就连斯文侯自己也不会想到，一百多年后人们通过研究发现，这个亚种有别于生活在新疆的稻田苇莺，将这个亚种独立为钝翅苇莺（*Acrocephalus concinens*）。随后，1877年由谭卫道编写的《中国的鸟类》一书中详细地记述了他和另一位法国人谢福音（C.M.Chevalier）一起，从北京出发向西北方向行进，途径沙河时观察并记录到了大天鹅、雁类等大量迁徙候鸟。时隔几年，德国人穆麟德（O.F.Möllendorff）于1881年在柏林地理学杂志上发表了《直隶旅行记，并记这些地方的动植物》，又于1887年在亚洲文会的学报上发表《直隶脊椎动物及汉语动物名称记释》。正是这些传教士和外交官员的考察与整理，使人们开始用科学的方法描述和记录华北的鸟种。进入20世纪，还有1902年比安基（Bianchi），1914年苏柯仁（Sowerby），1914—1921年拉图史（La Touche），1946—1951年亨明森（Hemmingsen）等人也为华北鸟类的研究和记录做出了不少贡献。

但是，以上个人的研究和记录都是零散而不成系统的，他们的研究往往是在调查我国东部和河北的鸟类时涉及北京地区。如果要论及系统总结、梳理华北鸟类的研究和著作，则是1924年由美国人胡本德（H.W.Hubbard）编写的《直隶鸟类名录》（A list of the Birds of Chihli Province），以及1938年和万卓志（G.D.Wilder）共同编写的《中国东北部的鸟类》（Birds of North eastern China,a practical guide on studies madechiefly in Hopei Province）。值得一提的是，我国的鸟类学家寿振黄先生也于1936年出版了皇皇巨著《河北鸟类志》（Birds of Hopei Province）。这三本书为华北鸟类研究积累下丰富的资料，其中《河北鸟类志》无论从学术水平还是从插图的精美程度、装帧质量，都达到了极高的水准，该书被誉为我国动物学家自主编写的具有国际水准的第一部鸟类志，也是以志书的形式出版的第一部地域性动物学专著，被视为我国地方动物志的重要典范，亦为我国脊椎动物区系分类研究的开端。

需要指出的是，当时北京的行政区划和现在有所不同。现在隶属北京的通州区、房山区、昌平区等地，在当时属于直隶省，而现在北京鸟类物种记录最为丰富的延庆区，当时则属于察哈尔省。因此，《直隶鸟类名录》《中国东北部的鸟类》和《河北鸟类志》虽然记录详细且严谨，但如果将其中记录为北平（北京旧称）的物种摘出来，也不能等同于今天的北京鸟类名录。之后数年，战火燃遍华北大地，人们流离失所，鸟类学研究也陷入停滞。

1949年之后，北京行政区划几经变迁，1960年底，现今房山区的部分地区划归北京，至此北京的行政区划才算稳定下来。对于北京地区鸟类的调查和研究，则是从20世纪50年代开始的。北京师范大学的数位学者先后对北京鸟类进行过研究。1956年，北京师范大学包桂濬先生发表了《河北通县鸟类调查报告》；1960年包桂濬先生等发表了《北京东郊鸟类初步调查报告》；1958年中国科学院动物研究所许慕农先生发表了《北京颐和园鸟巢和卵的初步调查》；同年，北京自然博物馆对北京地区的鸟类开始了有目的、有计划的调查和标本采集（这一工作仅仅开展了5年，野外工作于1963年便被中止）；1962年北京师范大学郑光美先生发表了《北京及其附近地区冬季鸟类的生态分布》；1964年赵指南和蔡其侃两位先生共同提出了《北京地区鸟类初步调查报告》，这一年，北京大学生物系的《北京动物调查》一书也正式出版。其后，是漫长的十年空白时期，对于北京鸟类的研究直到1974年才再次开展起来，北京自然博物馆的野外调查工作也得以恢复。在数年来收集的4000余号标本和前人著作的基础上，1988年，北京自然博物馆蔡其侃先生的《北京鸟类志》问世，该书共收录了记录于北京的344种鸟类，其中新记录43种。新记录中，非雀形目的只有鹰鹃、噪鹃、白琵鹭3种，余下均来自于雀形目，其中既有宝兴歌鸫、蓝歌鸲、牛头伯劳这样迁徙期较为常见的鸟种，也有褐岩鹨、白翅交嘴雀、黄鹂、暗灰鹃鵙等十分罕见的记录。《北京鸟类志》的出版，是第一次对北京地区鸟类进行了系统的梳理，可以算是北京鸟类研究的一个重要标志。在30多年之后，我们再次回顾《北京鸟类志》所记述的内容，相当值得玩味。一些当年的罕见鸟种，已是如今北京颇为常见的鸟种，例如白鹭、鸳鸯、冠鱼狗等。而一些当时数量众多的鸟种，如今却难觅其踪，今天读来不禁让人唏嘘。同样令人感叹的还有环境的变化。曾经记录过董鸡的东郊神木已面目全非，而像曾经记录过彩鹬的大红门，也早已高楼林立，没有半点湿地的影子。

进入20世纪90年代，1994年首都师范大学高武先生等人编著的《北京脊椎动物检索表》得以出版。其在《北京鸟类志》的基础上又增加了白胸苦恶鸟、蓑羽鹤、鸲姬鹟等31种，共收录了鸟类375种。2014年北京师范大学赵欣如先生主编的《北京鸟类图鉴（第2版）》，将北京的鸟类种数提升到448种。到2023年，北京市园林绿化局发布了《北京市陆生野生动物名录（2023年）》，再次将北京的鸟种提升到515种。

而今，北京地区记录到的野生鸟类种数已超过520种，但这仍然不会是北京鸟种数的终点。随着气候变化等原因带来的自然扩散、更多被观察记录到的迷鸟以及因分类变动而增加的鸟种，也许在未来的十年间，北京的鸟种总数可能会超过550种。然而，将其变为现实，还需要更多的研究者、观鸟者和生态保护领域的共同努力！

李兆楠　王瑞卿

中文名索引

鹌鹑	22	斑脸海番鸭	56	大天鹅	34
暗灰鹃鵙	256	斑头秋沙鸭	59	大鹰鹃	82
暗绿绣眼鸟	339	斑头雁	32	大嘴乌鸦	277
八哥	347	斑鱼狗	235	戴菊	401
白斑军舰鸟	174	斑嘴鸭	44	戴胜	231
白背啄木鸟	241	半蹼鹬	122	淡脚柳莺	324
白翅浮鸥	169	宝兴歌鸫	365	淡眉柳莺	321
白顶鹏	386	北短翅蝗莺	298	淡尾鹟莺	313
白顶溪鸲	379	北红尾鸲	377	雕鸮	226
白额雁	30	北灰鹟	391	东方白鹳	171
白额燕鸥	167	北棕鸟	351	东方大苇莺	293
白腹暗蓝鹟	400	北领角鸮	224	东方鸻	115
白腹鹞	357	北鹨	421	东方中杜鹃	86
白腹短翅鸲	372	北长尾山雀	331	东亚石鹏	381
白腹蓝鹟	399	北朱雀	436	董鸡	94
白腹鸫	211	北棕腹鹰鹃	83	豆雁	29
白骨顶	96	布氏鹨	416	短耳鸮	229
白鹤	101	彩鹬	117	短趾百灵	287
白喉矶鸫	388	苍鹭	185	短趾雕	197
白喉林莺	333	苍头燕雀	426	短嘴豆雁	28
白喉针尾雨燕	76	苍鹰	209	钝翅苇莺	296
白鹡鸰	412	草地鹨	418	鹗	193
白肩雕	201	草鹭	186	发冠卷尾	257
白颈鸦	276	草原雕	200	翻石鹬	138
白鹭	189	长耳鸮	228	反嘴鹬	105
白眉地鸫	352	长尾雀	435	粉红腹岭雀	440
白眉鹀	359	长尾山椒鸟	253	粉红胸鹨	424
白眉歌鸫	367	长尾鸭	57	凤头百灵	288
白眉姬鹟	392	长趾滨鹬	143	凤头蜂鹰	194
白眉鸫	448	长嘴剑鸻	110	凤头麦鸡	106
白眉鸭	48	池鹭	183	凤头鹀鹛	65
白琵鹭	175	赤膀鸭	40	凤头潜鸭	54
白头鹞	310	赤腹鹰	205	凤头鹰	204
白头鹤	99	赤颈鸫	361	孤沙锥	119
白头鹀	445	赤colored鹛	68	冠纹柳莺	326
白尾海雕	210	赤颈鸭	42	冠鱼狗	234
白尾鹞	214	赤麻鸭	37	褐河乌	346
白胸苦恶鸟	89	赤嘴潜鸭	50	褐柳莺	316
白眼潜鸭	53	达乌里寒鸦	273	褐马鸡	24
白腰杓鹬	126	大白鹭	187	褐头鹀	358
白腰草鹬	133	大斑啄木鸟	242	褐头山雀	282
白腰雨燕	78	大鸨	88	鹤鹬	129
白腰朱顶雀	437	大杓鹬	127	黑翅鸢	203
白枕鹤	97	大䴙䴘	87	黑翅长脚鹬	104
斑背大尾莺	302	大䴉	220	黑腹滨鹬	147
斑背潜鸭	55	大麻鳽	176	黑鹳	172
斑翅山鹑	21	大沙锥	120	黑喉鸫	360
斑鸫	363	大山雀	283	黑颈䴙䴘	67

463

名称	页码	名称	页码	名称	页码
黑卷尾	258	黄脚三趾鹑	150	栗耳鹀	451
黑眉苇莺	294	黄眉䴗鹛	394	栗苇鳽	180
黑水鸡	95	黄眉柳莺	320	栗鹀	455
黑头蜡嘴雀	429	黄眉鹀	449	猎隼	249
黑头鸭	343	黄雀	439	林鹬	132
黑苇鳽	177	黄鹡鸰	410	鳞头树莺	330
黑尾塍鹬	123	黄鹂	444	领雀嘴鹎	312
黑尾蜡嘴雀	428	黄胸鹀	454	领岩鹨	404
黑尾鸥	161	黄腰柳莺	318	流苏鹬	146
黑鸢	217	黄爪隼	244	芦鹀	458
黑枕黄鹂	252	灰斑鸠	72	罗纹鸭	41
红翅凤头鹃	80	灰背鸫	355	绿背姬鹟	393
红翅旋壁雀	344	灰背隼	247	绿翅鸭	46
红腹滨鹬	149	灰伯劳	264	绿鹭	182
红腹红尾鸲	376	灰翅浮鸥	168	绿头鸭	43
红腹灰雀	431	灰鹤	98	麻雀	407
红喉歌鸲	374	灰鸽	109	毛脚䴓	218
红喉姬鹟	396	灰鹡鸰	411	毛脚燕	306
红鹨	420	灰脸鵟鹰	216	毛腿沙鸡	74
红交嘴雀	438	灰椋鸟	349	矛斑蝗莺	301
红角鸮	225	灰林鹏	382	煤山雀	279
红脚隼	246	灰林鸮	227	蒙古百灵	285
红脚鹬	128	灰眉岩鹀	446	蒙古沙鸻	113
红颈瓣蹼鹬	136	灰山椒鸟	255	棉凫	39
红颈滨鹬	140	灰头绿啄木鸟	243	冕柳莺	327
红颈苇鹀	456	灰头麦鸡	107	漠鹏	385
红隼	245	灰头鹀	442	牛背鹭	184
红头潜鸭	51	灰尾漂鹬	134	牛头伯劳	261
红尾斑鸫	362	灰纹鹟	389	欧亚鸲	369
红尾伯劳	262	灰喜鹊	268	欧亚旋木雀	341
红尾歌鸲	371	灰雁	27	鸥嘴噪鸥	164
红尾水鸲	378	火斑鸠	73	琵嘴鸭	47
红胁蓝尾鸲	375	叽喳柳莺	314	普通翠鸟	236
红胁绣眼鸟	338	矶鹬	137	普通海鸥	162
红胸姬鹟	397	极北柳莺	322	普通䴓	219
红胸秋沙鸭	61	家燕	305	普通鸬鹚	173
红胸田鸡	93	尖尾滨鹬	144	普通秋沙鸭	60
红嘴巨燕鸥	165	鹪鹩	345	普通鵟	342
红嘴蓝鹊	269	角百灵	290	普通燕鸻	151
红嘴鸥	152	角鸊鷉	66	普通燕鸥	166
红嘴山鸦	272	金翅雀	425	普通秧鸡	91
鸿雁	26	金雕	202	普通夜鹰	75
厚嘴苇莺	297	金鸻	108	普通雨燕	77
虎斑地鸫	353	金眶鸻	111	普通朱雀	432
虎纹伯劳	260	金腰燕	308	强脚树莺	329
花脸鸭	49	巨嘴柳莺	317	翘鼻麻鸭	36
环颈鸻	112	卷羽鹈鹕	190	翘嘴鹬	135
环颈雉	25	阔嘴鹬	148	青脚滨鹬	142
鹮嘴鹬	103	蓝翡翠	233	青脚鹬	131
黄斑苇鳽	178	蓝鹀	370	青头潜鸭	52
黄腹鹨	422	蓝喉歌鸲	373	丘鹬	118
黄腹山雀	280	蓝矶鸫	387	鸲姬鹟	395
黄喉鹀	453	栗斑腹鹀	443	雀鹰	208
黄鹡鸰	414	栗耳短脚鹎	311	鹊鸭	58

鹊鹞	215	文须雀	291	蚁䴕	237
日本松雀鹰	207	乌雕	198	银喉长尾山雀	332
日本鹰鸮	223	乌鸫	354	疣鼻天鹅	33
三宝鸟	232	乌灰鸫	356	游隼	250
三道眉草鹀	447	乌鹟	390	渔鸥	156
三趾滨鹬	139	乌嘴柳莺	325	鸳鸯	38
三趾鸥	154	西伯利亚银鸥	158	远东树莺	328
沙䳭	384	西秧鸡	90	远东苇莺	295
山斑鸠	71	锡嘴雀	430	云南柳莺	319
山鹡鸰	409	喜鹊	270	云雀	289
山麻雀	406	小白额雁	31	噪鹃	81
山鹛	334	小杓鹬	124	泽鹬	130
山噪鹛	340	小滨鹬	141	沼泽山雀	281
扇尾沙锥	121	小杜鹃	84	针尾沙锥	120
勺鸡	23	小黑背银鸥	157	针尾鸭	45
石鸡	20	小蝗莺	300	震旦鸦雀	336
寿带	259	小灰山椒鸟	254	中白鹭	188
树鹨	419	小鹀	64	中杓鹬	125
双斑绿柳莺	323	小太平鸟	403	中杜鹃	86
水鹨	423	小天鹅	35	中华短翅蝗莺	299
水雉	116	小田鸡	92	中华短趾百灵	286
丝光椋鸟	348	小鸦	450	中华攀雀	284
四声杜鹃	85	小星头啄木鸟	239	中华秋沙鸭	62
松雀鹰	206	小嘴乌鸦	275	中华长尾雀	434
松鸦	267	楔尾伯劳	265	中华朱雀	433
穗䳭	383	星头啄木鸟	238	珠颈斑鸠	70
蓑羽鹤	100	星鸦	271	紫背苇鳽	179
太平鸟	402	锈胸蓝姬鹟	398	紫翅椋鸟	350
田鹀	366	靴隼雕	199	紫啸鸫	380
田鹨	417	崖沙燕	303	棕背伯劳	266
田鹬	452	烟腹毛脚燕	307	棕腹啄木鸟	240
铁爪鹀	441	岩鸽	69	棕眉柳莺	315
铁嘴沙鸻	114	岩燕	304	棕眉山岩鹨	405
秃鼻乌鸦	274	燕雀	427	棕扇尾莺	292
秃鹫	196	燕隼	248	棕头鸦雀	335
弯嘴滨鹬	145	夜鹭	181	纵纹腹小鸮	230
苇鳽	457	遗鸥	155		

英文名索引

A
Alpine Accentor 404
Amur Falcon 246
Amur Paradise Flycatcher 259
Arctic Warbler 322
Ashy Minivet 255
Asian Brown Flycatcher 391
Asian Dowitcher 122
Asian House Martin 307
Asian Rosy Finch 440
Asian Short-toed Lark 287
Asian Stubtail 330
Azure-winged Magpie 268

B
Baer's Pochard 52
Baikal Bush Warbler 298
Baikal Teal 49
Baillon's Crake 92
Bar-headed Goose 32
Barn Swallow 305
Bean Goose 29
Bearded Reedling 291
Beijing Hill-Babbler 334
Besra 206
Black Bittern 177
Black Drongo 258
Black Kite 217
Black Stork 172
Black-browed Reed Warbler 294
Black-capped Kingfisher 233
Black-crowned Night Heron 181
Black-faced Bunting 442
Black-headed Gull 152
Black-legged Kittiwake 154
Black-naped Oriole 252
Black-necked Grebe 67
Black-tailed Godwit 123
Black-tailed Gull 161
Black-throated Thrush 360
Black-winged Cuckooshrike 256
Black-winged Kite 203
Black-winged Stilt 104
Blue Rock Thrush 387
Blue Whistling Thrush 380
Blue-and-white Flycatcher 399
Bluethroat 373
Blunt-winged Warbler 296
Blyth's Pipit 416
Bohemian Waxwing 402
Booted Eagle 199
Brambling 427
Broad-billed Sandpiper 148
Brown Dipper 346
Brown Eared Pheasant 24
Brown Shrike 262
Brown-eared Bulbul 311
Brownish-flanked Bush Warbler 329
Buff-bellied Pipit 422
Bull-headed Shrike 261

C
Carrion Crow 275
Caspian Tern 165
Cattle Egret 184
Chestnut Bunting 455
Chestnut-eared Bunting 451
Chestnut-flanked White-eye 338
Chestnut-winged Cuckoo 80
Chinese Beautiful Rosefinch 433
Chinese Blackbird 354
Chinese Bush Warbler 299
Chinese Grey Shrike 265
Chinese Grosbeak 428
Chinese Leaf Warbler 319
Chinese Long-tailed Rosefinch 434
Chinese Merganser 62
Chinese Nuthatch 343
Chinese Pond Heron 183
Chinese Penduline Tit 284
Chinese Sparrowhawk 205
Chinese Spot-billed Duck 44
Chinese Thrush 365
Chukar Partridge 20
Cinereous Vulture 196
Cinnamon Bittern 180
Citrine Wagtail 410
Claudia's Leaf Warbler 326
Coal Tit 279
Collared Crow 276
Collared Finchbill 312
Common Chaffinch 426
Common Chiffchaff 314
Common Coot 96
Common Crane 98
Common Cuckoo 87
Common Goldeneye 58
Common Greenshank 131
Common Gull-billed Tern 164
Common House Martin 306
Common Kestrel 245
Common Kingfisher 236
Common Merganser 60
Common Moorhen 95
Common Pheasant 25
Common Pochard 51
Common Redpoll 437

Common Redshank 128
Common Rosefinch 432
Common Sandpiper 137
Common Shelduck 36
Common Snipe 121
Common Starling 350
Common Swift 77
Common Tern 166
Cotton Pygmy Goose 39
Crested Goshawk 204
Crested Kingfisher 234
Crested Lark 288
Crested Myna 347
Curlew Sandpiper 145

D
Dalmatian Pelican 190
Dark-sided Flycatcher 390
Daurian Jackdaw 273
Daurian Partridge 21
Daurian Redstart 377
Daurian Starling 351
Demoiselle Crane 100
Desert Wheatear 385
Dunlin 147
Dusky Thrush 363
Dusky Warbler 316

E
Eastern Buzzard 219
Eastern Crowned Warbler 327
Eastern Imperial Eagle 201
Eastern Marsh Harrier 211
Eastern Water Rail 91
Eastern Yellow Wagtail 414
Eurasian Bittern 176
Eurasian Bullfinch 431
Eurasian Collared Dove 72
Eurasian Crag Martin 304
Eurasian Curlew 126
Eurasian Hobby 248
Eurasian Hoopoe 231
Eurasian Jay 267
Eurasian Nuthatch 342
Eurasian Siskin 439
Eurasian Skylark 289
Eurasian Sparrowhawk 208
Eurasian Spoonbill 175
Eurasian Teal 46
Eurasian Tree Sparrow 407
Eurasian Treecreeper 341
Eurasian Wigeon 42
Eurasian Woodcock 118
Eurasian Wren 345
European Robin 369
Eyebrowed Thrush 359

F
Far Eastern Curlew 127
Ferruginous Pochard 53
Falcated Teal 41
Fieldfare 366
Forest Wagtail 409
Fork-tailed Swift 78

G
Gadwall 40
Garganey 48
Godlewski's Bunting 446
Goldcrest 401
Golden Eagle 202
Great Bustard 88
Great Cormorant 173
Great Crested Grebe 65
Great Egret 187
Great Spotted Woodpecker 242
Greater Painted Snipe 117
Greater Sand Plover 114
Greater Scaup 55
Greater Spotted Eagle 198
Green Sandpiper 133
Green-backed Flycatcher 393
Green-backed Heron 182
Grey Bushchat 382
Grey Heron 185
Grey Nightjar 75
Grey Plover 109
Grey Wagtail 411
Grey-backed Thrush 355
Grey-capped Greenfinch 425
Grey-capped Pygmy Woodpecker 238
Grey-faced Buzzard 216
Grey-headed Lapwing 107
Grey-headed Woodpecker 243
Greylag Goose 27
Grey-sided Thrush 358
Grey-streaked Flycatcher 389
Grey-tailed Tattler 134

H
Hair-crested Drongo 257
Hawfinch 430
Hen Harrier 214
Hill Pigeon 69
Himalayan Cuckoo 86
Himalayan Owl 227
Hooded Crane 99
Horned Grebe 66
Horned Lark 290
Hume's Leaf Warbler 321

I
Ibisbill 103
Indian Cuckoo 85
Intermediate Egret 188
Isabelline Wheatear 384

J
Jankowski's Bunting 443
Japanese Grosbeak 429
Japanese Pygmy Woodpecker 239
Japanese Quail 22
Japanese Scops Owl 224
Japanese Sparrowhawk 207
Japanese Thrush 356
Japanese Tit 283
Japanese Waxwing 403

K
Kentish Plover 112
Koklass Pheasant 23

L
Lanceolated Warbler 301
Lapland Longspur 441
Large Hawk Cuckoo 82
Large-billed Crow 277
Large-billed Leaf Warbler 325
Lesser Black-backed Gull

157
Lesser Cuckoo 84
Lesser Frigatebird 174
Lesser Kestrel 244
Lesser Sand Plover 113
Lesser White-fronted Goose 31
Lesser Whitethroat 333
Light-vented Bulbul 310
Little Bunting 450
Little Curlew 124
Little Egret 189
Little Grebe 64
Little Owl 230
Little Ringed Plover 111
Little Stint 141
Little Tern 167
Long-billed Plover 110
Long-eared Owl 228
Long-tailed Duck 57
Long-tailed Minivet 253
Long-tailed Rosefinch 435
Long-tailed Shrike 266
Long-tailed Tit 331
Long-toed Stint 143

M

Mallard 43
Manchurian Bush Warbler 328
Manchurian Reed Warbler 295
Mandarin Duck 38
Marsh Grassbird 302
Marsh Sandpiper 130
Marsh Tit 281
Meadow Bunting 447
Meadow Pipit 418
Merlin 247
Mew Gull 162
Mongolian Lark 285
Mongolian Short-toed Lark 286
Mugimaki Flycatcher 395
Mute Swan 33

N

Narcissus Flycatcher 394
Naumann's Thrush 362

Northern Boobook 223
Northern Eagle Owl 226
Northern Goshawk 209
Northern Hawk-Cuckoo 83
Northern Lapwing 106
Northern Pintail 45
Northern Shrike 264
Northern Shoveler 47
Northern Wheatear 383

O

Ochre-rumped Bunting 456
Olive-backed Pipit 419
Orange-flanked Bluetail 375
Oriental Cuckoo 86
Oriental Dollarbird 232
Oriental Honey-buzzard 194
Oriental Magpie 270
Oriental Plover 115
Oriental Pratincole 151
Oriental Reed Warbler 293
Oriental Scops Owl 225
Oriental White Stork 171
Oriental Turtle Dove 71
Osprey 193

P

Pacific Golden Plover 108
Pale Thrush 357
Pale-legged Leaf Warbler 324
Pallas's Bunting 457
Pallas's Grasshopper Warbler 300
Pallas's Gull 156
Pallas's Leaf Warbler 318
Pallas's Rosefinch 436
Pallas's Sandgrouse 74
Pechora Pipit 421
Peregrine Falcon 250
Pheasant-tailed Jacana 116
Pied Avocet 105
Pied Harrier 215
Pied Kingfisher 235
Pied Wheatear 386
Pine Bunting 445

Pintail Snipe 120
Plain Laughingthrush 340
Plain-tailed Warbler 313
Plumbeous Water Redstart 378
Purple Heron 186

R

Radde's Warbler 317
Red Crossbill 438
Red Knot 149
Red Turtle Dove 73
Red-billed Blue Magpie 269
Red-billed Chough 272
Red-billed Starling 348
Red-breasted Flycatcher 397
Red-breasted Merganser 61
Red-crested Pochard 50
Rudy-breasted Crake 93
Red-necked Grebe 68
Red-necked Phalarope 136
Red-necked Stint 140
Red-rumped Swallow 308
Red-throated Pipit 420
Red-throated Thrush 361
Redwing 367
Reed Bunting 458
Reed Parrotbill 336
Relict Gull 155
Richard's Pipit 417
Rook 274
Rosy Pipit 424
Rough-legged Buzzard 218
Ruddy Shelduck 37
Ruddy Turnstone 138
Ruff 146
Rufous-bellied Woodpecker 240
Rufous-tailed Robin 371
Russet Sparrow 406
Rustic Bunting 452

S

Schrenck's Bittern 179
Saker Falcon 249
Sand Martin 303
Sanderling 139

Sharp-tailed Sandpiper 144
Short-eared Owl 229
Short-toed Snake Eagle 197
Siberian Accentor 405
Siberian Blue Robin 370
Siberian Crane 101
Siberian Rubythroat 374
Siberian Scoter 56
Siberian Thrush 352
Silver-throated Bushtit 332
Slaty-breasted Flycatcher 398
Smew 59
Solitary Snipe 119
Spotted Dove 70
Spotted Nutcracker 271
Spotted Redshank 129
Stejneger's Stonechat 381
Steppe Eagle 200
Swan Goose 26
Swinhoe's Minivet 254
Swinhoe's Snipe 120
Swinhoe's White-eye 339

T
Taiga Flycatcher 396
Temminck's Stint 142
Terek Sandpiper 135
Thick-billed Warbler 297
Tiger Shrike 260
Tristram's Bunting 448
Tufted Duck 54
Tundra Bean Goose 28
Tundra Swan 35
Two-barred Warbler 323

U
Upland Buzzard 220

V
Vega Gull 158
Vinous-throated Parrotbill 335

W
Wallcreeper 344
Water Pipit 423
Watercock 94
Weastern Water Rail 90
Western Koel 81
Whimbrel 125
Whiskered Tern 168
White Wagtail 412
White-backed Woodpecker 241
White-bellied Redstart 372
White-breasted Waterhen 89
White-capped Water Redstart 379
White-cheeked Starling 349
White-fronted Goose 30
White-naped Crane 97
White's Thrush 353
White-tailed Sea Eagle 210
White-throated Needletail 76
White-throated Rock Thrush 388
White-winged Redstart 376
White-winged Tern 169
Whooper Swan 34
Willow Tit 282
Wood Sandpiper 132
Wryneck 237

Y
Yellow Bittern 178
Yellow-bellied Tit 280
Yellow-breasted Bunting 454
Yellow-browed Bunting 449
Yellow-browed Warbler 320
Yellowhammer 444
Yellow-legged Buttonquail 150
Yellow-rumped Flycatcher 392
Yellow-streaked Warbler 315
Yellow-throated Bunting 453

Z
Zappey's Flycatcher 400
Zitting Cisticola 292

学名索引

A

Acanthis flammea 437
Accipiter gentilis 209
Accipiter gularis 207
Accipiter nisus 208
Accipiter soloensis 205
Accipiter trivirgatus 204
Accipiter virgatus 206
Acridotheres cristatellus 347
Acrocephalus bistrigiceps 294
Acrocephalus concinens 296
Acrocephalus orientalis 293
Acrocephalus tangorum 295
Actitis hypoleucos 137
Aegithalos caudatus 331
Aegithalos glaucogularis 332
Aegypius monachus 196
Agropsar sturninus 351
Aix galericulata 38
Alauda arvensis 289
Alaudala cheleensis 287
Alcedo atthis 236
Alectoris chukar 20
Amaurornis phoenicurus 89
Anas acuta 45
Anas crecca 46
Anas platyrhynchos 43
Anas zonorhyncha 44
Anser albifrons 30
Anser anser 27
Anser cygnoides 26
Anser erythropus 31
Anser fabalis 29
Anser indicus 32
Anser serrirostris 28

Anthus cervinus 420
Anthus godlewskii 416
Anthus gustavi 421
Anthus hodgsoni 419
Anthus pratensis 418
Anthus richardi 417
Anthus roseatus 424
Anthus rubescens 422
Anthus spinoletta 423
Antigone vipio 97
Apus apus 77
Apus pacificus 78
Aquila chrysaetos 202
Aquila heliaca 201
Aquila nipalensis 200
Ardea alba 187
Ardea cinerea 185
Ardea intermedia 188
Ardea purpurea 186
Ardeola bacchus 183
Arenaria interpres 138
Arundinax aedon 297
Asio flammeus 229
Asio otus 228
Athene noctua 230
Aythya baeri 52
Aythya ferina 51
Aythya fuligula 54
Aythya marila 55
Aythya nyroca 53

B

Bombycilla garrulus 402
Bombycilla japonica 403
Botaurus stellaris 176
Bubo bubo 226
Bubulcus coromandus 184
Bucephala clangula 58
Butastur indicus 216
Buteo hemilasius 220
Buteo japonicus 219
Buteo lagopus 218
Butorides striata 182

C

Calandrella dukhunensis 286
Calcarius lapponicus 441
Calidris acuminata 144
Calidris alba 139
Calidris alpina 147
Calidris canutus 149
Calidris falcinellus 148
Calidris ferruginea 145
Calidris minuta 141
Calidris pugnax 146
Calidris ruficollis 140
Calidris subminuta 143
Calidris temminckii 142
Calliope calliope 374
Caprimulgus jotaka 75
Carpodacus davidianus 433
Carpodacus erythrinus 432
Carpodacus lepidus 434
Carpodacus roseus 436
Carpodacus sibiricus 435
Cecropis daurica 308
Certhia familiaris 341
Ceryle rudis 235
Chaimarrornis leucocephalus 379
Charadrius alexandrinus 112
Charadrius dubius 111
Charadrius leschenaultii 114
Charadrius mongolus 113
Charadrius placidus 110
Charadrius veredus 115
Chlidonias hybrida 168
Chlidonias leucopterus 169
Chloris sinica 425
Chroicocephalus ridibundus 152

Ciconia boyciana 171
Ciconia nigra 172
Cinclus pallasii 346
Circaetus gallicus 197
Circus cyaneus 214
Circus melanoleucos 215
Circus spilonotus 211
Cisticola juncidis 292
Clamator coromandus 80
Clanga clanga 198
Clangula hyemalis 57
Coccothraustes coccothraustes 430
Columba rupestris 69
Corvus corone 275
Corvus dauuricus 273
Corvus frugilegus 274
Corvus macrorhynchos 277
Corvus pectoralis 276
Coturnix japonica 22
Crossoptilon mantchuricum 24
Cuculus canorus 87
Cuculus micropterus 85
Cuculus optatus 86
Cuculus poliocephalus 84
Cuculus saturatus 86
Curruca curruca 333
Cyanopica cyanus 268
Cyanoptila cumatilis 400
Cyanoptila cyanomelana 399
Cygnus columbianus 35
Cygnus cygnus 34
Cygnus olor 33

D
Delichon dasypus 307
Delichon urbicum 306
Dendrocopos hyperythrus 240
Dendrocopos leucotos 241
Dendrocopos major 242
Dendronanthus indicus 409
Dicrurus hottentottus 257
Dicrurus macrocercus 258

E
Egretta garzetta 189
Elanus caeruleus 203
Emberiza aureola 454
Emberiza chrysophrys 449
Emberiza cioides 447
Emberiza citrinella 444
Emberiza elegans 453
Emberiza fucata 451
Emberiza godlewskii 446
Emberiza jankowskii 443
Emberiza leucocephalos 445
Emberiza pallasi 457
Emberiza pusilla 450
Emberiza rustica 452
Emberiza rutila 455
Emberiza schoeniclus 458
Emberiza spodocephala 442
Emberiza tristrami 448
Emberiza yessoensis 456
Eophona migratoria 428
Eophona personata 429
Eremophila alpestris 290
Erithacus rubecula 369
Eudynamys scolopaceus 81
Eurystomus orientalis 232

F
Falco amurensis 246
Falco cherrug 249
Falco columbarius 247
Falco naumanni 244
Falco peregrinus 250
Falco subbuteo 248
Falco tinnunculus 245
Ficedula albicilla 396
Ficedula elisae 393
Ficedula erithacus 398
Ficedula mugimaki 395
Ficedula narcissina 394
Ficedula parva 397
Ficedula zanthopygia 392
Fregata ariel 174
Fringilla coelebs 426
Fringilla montifringilla 427
Fulica atra 96

G
Galerida cristata 288
Gallicrex cinerea 94
Gallinago gallinago 121
Gallinago megala 120
Gallinago solitaria 119
Gallinago stenura 120
Gallinula chloropus 95
Garrulus glandarius 267
Gelochelidon nilotica 164
Geokichla sibirica 352
Glareola maldivarum 151
Grus grus 98
Grus monacha 99
Grus virgo 100

H
Halcyon pileata 233
Haliaeetus albicilla 210
Helopsaltes pryeri 302
Hieraaetus pennatus 199
Hierococcyx hyperythrus 83
Hierococcyx sparverioides 82
Himantopus himantopus 104
Hirundapus caudacutus 76
Hirundo rustica 305
Horornis canturians 328
Horornis fortipes 329
Hydrophasianus chirurgus 116
Hydroprogne caspia 165
Hypsipetes amaurotis 311

I
Ibidorhyncha struthersii 103
Ichthyaetus ichthyaetus 156
Ichthyaetus relictus 155
Ixobrychus cinnamomeus 180
Ixobrychus eurhythmus 179

Ixobrychus flavicollis 177
Ixobrychus sinensis 178

J

Jynx torquilla 237

L

Lalage melaschistos 256
Lanius borealis 264
Lanius bucephalus 261
Lanius cristatus 262
Lanius schach 266
Lanius sphenocercus 265
Lanius tigrinus 260
Larus canus 162
Larus crassirostris 161
Larus fuscus 157
Larus vegae 158
Larvivora cyane 370
Leucogeranus leucogeranus 101
Leucosticte arctoa 440
Limnodromus semipalmatus 122
Limosa limosa 123
Locustella certhiola 300
Locustella davidi 298
Locustella lanceolata 301
Locustella tacsanowskia 299
Loxia curvirostra 438
Luscinia phaenicuroides 372
Larvivora sibilans 371
Luscinia svecica 373

M

Mareca falcata 41
Mareca penelope 42
Mareca strepera 40
Megaceryle lugubris 234
Melanitta stejnegeri 56
Melanocorypha mongolica 285
Mergellus albellus 59
Mergus merganser 60
Mergus serrator 61
Mergus squamatus 62
Milvus migrans 217
Monticola gularis 388

Monticola solitarius 387
Motacilla alba 412
Motacilla cinerea 411
Motacilla citreola 410
Motacilla tschutschensis 414
Muscicapa dauurica 391
Muscicapa griseisticta 389
Muscicapa sibirica 390
Myophonus caeruleus 380

N

Netta rufina 50
Nettapus coromandelianus 39
Ninox japonica 223
Nucifraga caryocatactes 271
Numenius arquata 126
Numenius madagascariensis 127
Numenius minutus 124
Numenius phaeopus 125
Nycticorax nycticorax 181

O

Oenanthe deserti 385
Oenanthe isabellina 384
Oenanthe oenanthe 383
Oenanthe pleschanka 386
Oriolus chinensis 252
Otis tarda 88
Otus semitorques 224
Otus sunia 225

P

Pandion haliaetus 193
Panurus biarmicus 291
Paradoxornis heudei 336
Pardaliparus venustulus 280
Parus minor 283
Passer cinnamomeus 406
Passer montanus 407
Pelecanus crispus 190
Perdix dauurica 21
Pericrocotus cantonensis 254
Pericrocotus divaricatus 255

Pericrocotus ethologus 253
Periparus ater 279
Pernis ptilorhynchus 194
Phalacrocorax carbo 173
Phalaropus lobatus 136
Phasianus colchicus 25
Phoenicurus auroreus 377
Phoenicurus erythrogastrus 376
Phylloscopus armandii 315
Phylloscopus borealis 322
Phylloscopus claudiae 326
Phylloscopus collybita 314
Phylloscopus coronatus 327
Phylloscopus fuscatus 316
Phylloscopus humei 321
Phylloscopus inornatus 320
Phylloscopus magnirostris 325
Phylloscopus plumbeitarsus 323
Phylloscopus proregulus 318
Phylloscopus schwarzi 317
Phylloscopus soror 313
Phylloscopus tenellipes 324
Phylloscopus yunnanensis 319
Pica serica 270
Picoides canicapillus 238
Picoides kizuki 239
Picus canus 243
Platalea leucorodia 175
Pluvialis fulva 108
Pluvialis squatarola 109
Podiceps auritus 66
Podiceps cristatus 65
Podiceps grisegena 68
Podiceps nigricollis 67
Poecile montanus 282
Poecile palustris 281
Prunella collaris 404
Prunella montanella 405

Pterorhinus davidi 340
Ptyonoprogne rupestris 304
Pucrasia macrolopha 23
Pycnonotus sinensis 310
Pyrrhocorax pyrrhocorax 272
Pyrrhula pyrrhula 431

R

Rallus aquaticus 90
Rallus indicus 91
Recurvirostra avosetta 105
Regulus regulus 401
Remiz consobrinus 284
Rhopophilus pekinensis 334
Rhyacornis fuliginosa 378
Riparia riparia 303
Rissa tridactyla 154
Rostratula benghalensis 117

S

Saxicola ferreus 382
Saxicola stejnegeri 381
Scolopax rusticola 118
Sibirionetta formosa 49
Sinosuthora webbiana 335
Sitta europaea 342
Sitta villosa 343
Spatula clypeata 47
Spatula querquedula 48
Spilopelia chinensis 70
Spinus spinus 439
Spizixos semitorques 312
Spodiopsar cineraceus 349
Spodiopsar sericeus 348
Sterna hirundo 166
Sternula albifrons 167
Streptopelia decaocto 72
Streptopelia orientalis 71
Streptopelia tranquebarica 73
Strix nivicolum 227
Sturnus vulgaris 350
Syrrhaptes paradoxus 74

T

Tachybaptus ruficollis 64
Tadorna ferruginea 37
Tadorna tadorna 36
Tarsiger cyanurus 375
Terpsiphone incei 259
Tichodroma muraria 344
Tringa brevipes 134
Tringa erythropus 129
Tringa glareola 132
Tringa nebularia 131
Tringa ochropus 133
Tringa stagnatilis 130
Tringa totanus 128
Troglodytes troglodytes 345
Turdus atrogularis 360
Turdus cardis 356
Turdus eunomus 363
Turdus feae 358
Turdus hortulorum 355
Turdus iliacus 367
Turdus mandarinus 354
Turdus mupinensis 365
Turdus naumanni 362
Turdus obscurus 359
Turdus pallidus 357
Turdus pilaris 366
Turdus ruficollis 361
Turnix tanki 150

U

Upupa epops 231
Urocissa erythroryncha 269
Urosphena squameiceps 330

V

Vanellus cinereus 107
Vanellus vanellus 106

X

Xenus cinereus 135

Z

Zapornia fusca 93
Zapornia pusilla 92
Zoothera aurea 353
Zosterops erythropleurus 338
Zosterops simplex 339

参考文献

[1] 王岐山，马鸣，高育仁. 中国动物志 [J]. 鸟纲 第五卷 [M]. 北京：科学出版社，2006.

[2] 谭耀匡，关贯勋. 中国动物志 鸟纲 第七卷 [M]. 北京：科学出版社，2003.

[3] 李桂垣，郑宝赉，刘光佐. 中国动物志 鸟纲 第十三卷 [M]. 北京：科学出版社，1982.

[4] 陈服官，罗时有. 中国动物志 鸟纲 第九卷 [M]. 北京：科学出版社，1998.

[5] 郑宝赉. 中国动物志 鸟纲 第八卷 [M]. 北京：科学出版社，1985.

[6] 郑作新，龙泽虞，卢汰春. 中国动物志 鸟纲 第十卷. 北京：科学出版社，1995.

[7] 郑作新，等. 中国动物志 鸟纲 第四卷 [M]. 北京：科学出版社，1978.

[8] 郑作新，卢汰春，杨岚，雷富民，等. 中国动物志 鸟纲 第十二卷 [M]. 北京：科学出版社，2010.

[9] 郑作新. 中国动物志 鸟纲 第二卷 [M]. 北京：科学出版社，1979.

[10] 郑作新，冼耀华，关贯勋. 中国动物志 鸟纲 第六卷 [M]. 北京：科学出版社，1991.

[11] 郑作新，等. 中国动物志 鸟纲 第一卷 [M]. 北京：科学出版社，1997.

[12] 郑作新，龙泽虞，郑宝赉. 中国动物志 鸟纲 第十一卷 [M]. 北京：科学出版社，1987.

[13] 傅桐生，宋榆钧，高玮. 中国动物志 鸟纲 第十四卷 [M]. 北京：科学出版社，1998.

[14] 蔡其侃. 北京鸟类志 [M]. 北京：北京出版社，1988.

[15] 蔡友铭，袁晓. 上海水鸟 [M]. 上海：上海科学技术出版社，2008.

[16] 常家传，等. 东北鸟类图鉴 [M]. 哈尔滨：黑龙江科学技术出版社，1995.

[17] 自然之友. 北京野鸟图鉴 [M]. 北京：北京出版社，2001.

[18] 赵正阶. 中国鸟类志. 长春：吉林科学技术出版社，2001.

[19] 郑光美. 中国鸟类分类与分布名录（第二版）[M]. 北京：科学出版社，2011.

[20] 郑光美. 中国鸟类分类与分布名录（第四版）[M]. 北京：科学出版社，2023.

[21] 钱燕文. 中国鸟类图鉴 [M]. 郑州：河南科学技术出版社，1995.

[22] 宋晔，闻丞. 中国鸟类图鉴（猛禽版）[M]. 福州：海峡书局，

2016.

[23] 约翰·马敬能,卡伦·菲利普斯,何芬奇.中国鸟类野外手册[M].长沙:湖南教育出版社,2000.

[24] 章麟,张明.中国鸟类图鉴(鸻鹬版)[M].福州:海峡书局,2018.

[25] 林文宏.猛禽观察图鉴[M].台北:远流出版事业股份有限公司,2006.

[26] 高武.常见野鸟图鉴 北京地区[M].北京:机械工业出版社,2014.

[27] 赵欣如.北京鸟类图鉴(第2版)[M].北京:北京师范大学出版社,2014.

[28] 高武,陈卫,傅必谦,王彩华.北京脊椎动物检索表[M].北京:北京出版社,1994.

[29] 傅桐生,高玮,宋榆钧.鸟类分类及生态学[M].北京:高等教育出版社,1987.

[30] 刘阳,陈水华.中国鸟类观察手册[M].长沙:湖南科学技术出版社,2021.

[31] 郑作新.中国动物图谱 鸟类[M].北京:科学出版社,1966.

[32] 北京市天坛公园管理处,天坛公园野鸟图鉴[M].北京:机械工业出版社,2021.

[33] 郑作新,中国的鸟类[M].北京:商务印书馆,1957.

[34] 郑光美,鸟之巢[M].上海:上海科学技术出版社,1982.

[35] 香港观鸟会.香港鸟类图鉴[M].香港:万里书店出版社,2009.

[36] 马鸣,等.野生天鹅[M].北京:气象出版社,1993.

[37] 李兆楠,吕丽莎,洪光远.北京鸟类分布新纪录——橙胸姬鹟[J].野生动物学报,2017,38(02):320-321.

[38] 李兆楠,李强,马宝祥.河北省发现灰背伯劳[J].四川动物,2019,38(01):27.

[39] Svensson L. Identification Guide to European Passerines [M]. Norfolk: British Trust for Ornithology, 1992.

[40] Norevik G, Hellström M, Liu D, Petersson B. Ageing & Sexing of Migratory East Asian Passerines [M]. Mörbylånga: Avium Förlag, 2020.

[41] König C ,Weick F. Owls of The World [M]. London: Christopher HELM,2008.

[42] Olsson C B U, Curson J. A Guide to the Buntings and North American Sparrows [M]. California:Pica Press.

[43] Olsen K M. 2003. Gulls of Europe,

Asia and North America [M]. London: Christopher HELM, 2003.
[44] Svensson L, Mullarney K, Zetterstrom D, Grant P J. Collins Bird Guide.2nd ed [M]. London: Harper Collins, 2009.
[45] Brazil M. Birds of East Asia [M]. London: Christopher HELM, 2009.
[46] Alström P, Mild K. Pipits and Wagtails [M]. Princeton: Princeton University Press, 2003.
[47] Clement P. Thrushes [M]. Princeton: Princeton University Press, 2001.
[48] Chandler R. SHOREBIRDS [M]. London: Christopher HELM, 2009.
[49] Madge S, Burn H. Crows & Jays [M]. Princeton: Princeton University Press,1999.
[50] Madge S, McGowan P. Pheasants, Partridges, & Grouse [M]. Princeton: Princeton University Press, 2002.
[51] Bhushan B. A Field Guide to the Waterbirds of Asia [M]. TOKYO: Kodansha International, 1993.
[52] 氏原巨雄, 氏原道昭. カモメ識別ハンドブック [M]. 東京: 文一総合出版, 2001.

后记

本书自 2021 年起，历时三年，在前人的基础上结合作者多年的实践观察编撰而成。由高武先生作为本书的顾问，李兆楠、王瑞卿、李强共同完成撰写工作。具体分工如下：李强负责鸡形目、雁形目、鹲鹛目、鹤形目、鸻形目（鹮嘴鹬科、反嘴鹬科、鸻科、水雉科、彩鹬科、鹬科、三趾鹑科、燕鸻科）；李兆楠负责鸽形目、沙鸡形目、夜鹰目、鹃形目、鸮形目、鸻形目（鸥科）、鹳形目、鲣鸟目、鹈形目、鹰形目、鸮形目、犀鸟目、佛法僧目、啄木鸟目、隼形目、雀形目（黄鹂科、山椒鸟科、卷尾科、王鹟科、伯劳科、鸦科、山雀科、攀雀科、百灵科、文须雀科、鹎科、莺鹛科、鸦雀科）；王瑞卿负责雀形目其他科，最后由李兆楠统稿审定。三人共同整理每种鸟类的居留时间、分布点位等信息。

书中的绝大部分照片为北京地区拍摄的鸟类生态照，个别本地难以获取的则选择了北京邻近地区拍摄的照片，并确保为同一亚种。这些精美的照片来自数十位生态摄影师。另有一百余条鸟类鸣声，来自十几位录制者，由麻杰夫统一收集并审定。照片和声音作者均在相应位置署名，在此对他们的支持和贡献表示感谢！

本书的封面鸟种，是由赵云天先生在北京东灵山拍摄的山鹛（*Rhopophilus pekinensis*），该鸟栖于沙棘（*Hippophae rhamnoides*）之上，亦是北京为数不多的亚高山草甸生境，将山鹛与北京的关系完美诠释。山鹛作为北京极具代表性的鸟类，其模式产地即北京，1868 年由英国人斯文侯（R. Swinhoe）在北京北部山区发现并命名，其学名的种加词即"北京"之意，也是全世界唯一以北京命名的鸟类。

在此，要特别感谢北京师范大学张正旺先生和首都师范大学高武先生为本书作序；北京生物多样性保护研究中心郭耕先生和国家动物博物馆张劲硕先生为本书荐语；韩司宇先生为本书绘制了精美的鸟类形态结构示意图；中华书局侯笑如女士对书中所涉鸟类生僻字的规范化和读音进行了指导，在此致以诚挚的谢意。

由于编者水平有限，书中遗误之处在所难免，敬请广大读者批评指正。

编著者

2024 年 3 月 12 日